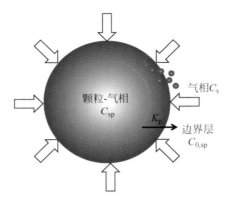

图 2.3　气相 SVOC 与悬浮颗粒物的相互作用

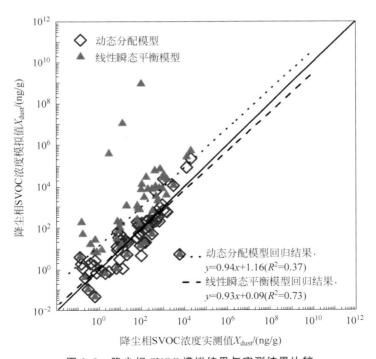

图 2.9　降尘相 SVOC 模拟结果与实测结果比较

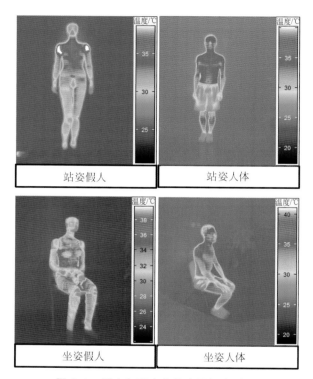

| 站姿假人 | 站姿人体 |
| 坐姿假人 | 坐姿人体 |

图 3.2　假人和真实人体表面温度对比

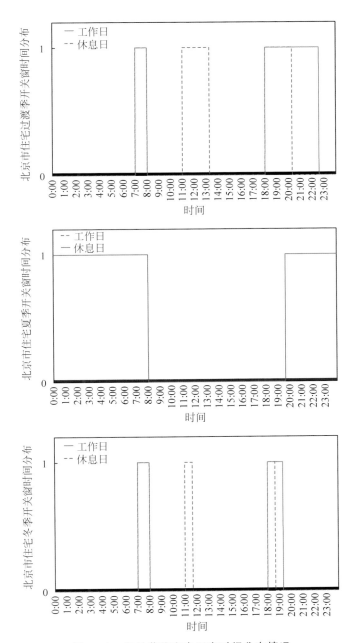

图 3.10　各季节住宅内开窗时间分布情况

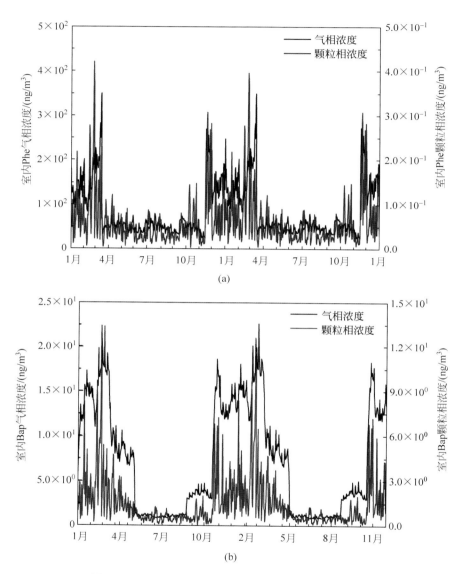

图 3.11   PAHs 室内气相、颗粒相浓度随时间变化情况

(a) Phe；(b) BaP

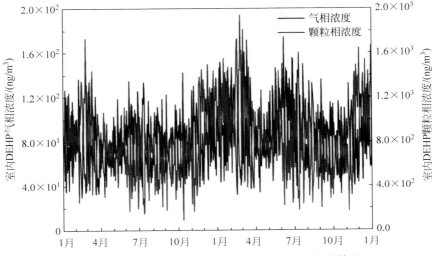

图 3.12　DEHP 室内气相、颗粒相浓度随时间变化情况

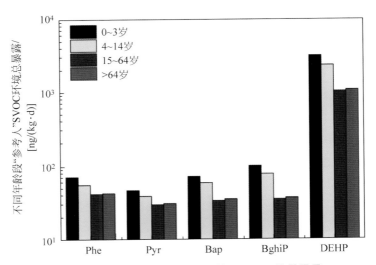

图 3.14　不同年龄段"参考人"的 SVOC 环境暴露量

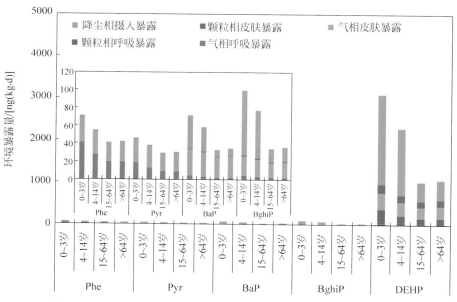

图 3.15　不同年龄"参考人"通过不同暴露途径造成的 PAHs 暴露量

图 4.14　实验住宅中外窗类型及仪器布置

（a）水平推拉窗；（b）平开窗

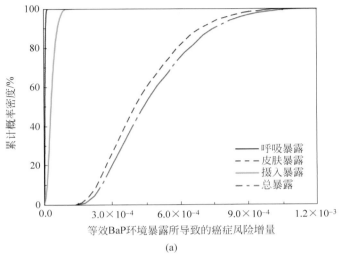

(a)

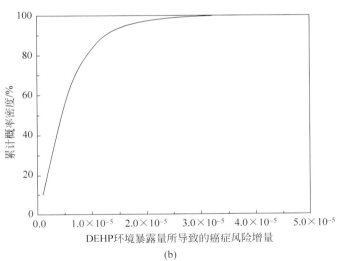

(b)

图 4.24 北京居民目标 SVOC 暴露对应癌症风险增量分布情况

(a) BaP；(b) DEHP

清华大学优秀博士学位论文丛书

SVOC多相、多途径人群暴露分布模型

施珊珊（Shi Shanshan） 著

Research on the Population Exposure Model
to Multi-phase SVOC through Multi-pathways

清华大学出版社
北 京

内 容 简 介

本书介绍了从浓度定量计算出发的SVOC多相、多途径个体暴露模型,以及在此基础上基于蒙特卡罗方法建立的人群暴露分布模型,给出了室内环境中分相SVOC浓度、人体对气相和颗粒相SVOC的呼吸暴露和皮肤暴露、对降尘相SVOC的摄入暴露及相关健康效应的分析计算方法。这些方法对于了解SVOC室内污染现状、制定合理的室内SVOC浓度标准及选择有效的SVOC污染控制策略具有重要的意义。

本书可供从事环保、涂料生产及公共卫生等方面研究的高校和科研院所师生及相关技术人员阅读参考。

图书在版编目(CIP)数据

SVOC多相、多途径人群暴露分布模型/施珊珊著.—北京:清华大学出版社,2021.7
(清华大学优秀博士学位论文丛书)
ISBN 978-7-302-58135-2

Ⅰ.①S… Ⅱ.①施… Ⅲ.①室内空气－空气污染控制 Ⅳ.①X510.6

中国版本图书馆 CIP 数据核字(2021)第 091266 号

责任编辑:陈朝晖
封面设计:傅瑞学
责任校对:赵丽敏
责任印制:丛怀宇

出版发行:清华大学出版社
　　　　网　　　址:http://www.tup.com.cn,http://www.wqbook.com
　　　　地　　　址:北京清华大学学研大厦 A 座　　邮　　编:100084
　　　　社 总 机:010-62770175　　　　　　　　　邮　　购:010-62786544
　　　　投稿与读者服务:010-62776969,c-service@tup.tsinghua.edu.cn
　　　　质量反馈:010-62772015,zhiliang@tup.tsinghua.edu.cn
印 刷 者:三河市铭诚印务有限公司
装 订 者:三河市启晨纸制品加工有限公司
经　　销:全国新华书店
开　　本:155mm×235mm　　**印　张:**11.5　　**插　页:**4　　**字　　数:**198 千字
版　　次:2021 年 9 月第 1 版　　　　　　　　**印　　次:**2021 年 9 月第 1 次印刷
定　　价:89.00 元

产品编号:076727-01

一流博士生教育
体现一流大学人才培养的高度（代丛书序）①

　　人才培养是大学的根本任务。只有培养出一流人才的高校，才能够成为世界一流大学。本科教育是培养一流人才最重要的基础，是一流大学的底色，体现了学校的传统和特色。博士生教育是学历教育的最高层次，体现出一所大学人才培养的高度，代表着一个国家的人才培养水平。清华大学正在全面推进综合改革，深化教育教学改革，探索建立完善的博士生选拔培养机制，不断提升博士生培养质量。

学术精神的培养是博士生教育的根本

　　学术精神是大学精神的重要组成部分，是学者与学术群体在学术活动中坚守的价值准则。大学对学术精神的追求，反映了一所大学对学术的重视、对真理的热爱和对功利性目标的摒弃。博士生教育要培养有志于追求学术的人，其根本在于学术精神的培养。

　　无论古今中外，博士这一称号都和学问、学术紧密联系在一起，和知识探索密切相关。我国的博士一词起源于 2000 多年前的战国时期，是一种学官名。博士任职者负责保管文献档案、编撰著述，须知识渊博并负有传授学问的职责。东汉学者应劭在《汉官仪》中写道："博者，通博古今；士者，辩于然否。"后来，人们逐渐把精通某种职业的专门人才称为博士。博士作为一种学位，最早产生于 12 世纪，最初它是加入教师行会的一种资格证书。19 世纪初，德国柏林大学成立，其哲学院取代了以往神学院在大学中的地位，在大学发展的历史上首次产生了由哲学院授予的哲学博士学位，并赋予了哲学博士深层次的教育内涵，即推崇学术自由、创造新知识。哲学博士的设立标志着现代博士生教育的开端，博士则被定义为独立从事学术研究、具备创造新知识能力的人，是学术精神的传承者和光大者。

---

① 本文首发于《光明日报》，2017 年 12 月 5 日。

博士生学习期间是培养学术精神最重要的阶段。博士生需要接受严谨的学术训练,开展深入的学术研究,并通过发表学术论文、参与学术活动及博士论文答辩等环节,证明自身的学术能力。更重要的是,博士生要培养学术志趣,把对学术的热爱融入生命之中,把捍卫真理作为毕生的追求。博士生更要学会如何面对干扰和诱惑,远离功利,保持安静、从容的心态。学术精神,特别是其中所蕴含的科学理性精神、学术奉献精神,不仅对博士生未来的学术事业至关重要,对博士生一生的发展都大有裨益。

独创性和批判性思维是博士生最重要的素质

博士生需要具备很多素质,包括逻辑推理、言语表达、沟通协作等,但是最重要的素质是独创性和批判性思维。

学术重视传承,但更看重突破和创新。博士生作为学术事业的后备力量,要立志于追求独创性。独创意味着独立和创造,没有独立精神,往往很难产生创造性的成果。1929年6月3日,在清华大学国学院导师王国维逝世二周年之际,国学院师生为纪念这位杰出的学者,募款修造"海宁王静安先生纪念碑",同为国学院导师的陈寅恪先生撰写了碑铭,其中写道:"先生之著述,或有时而不章;先生之学说,或有时而可商;惟此独立之精神,自由之思想,历千万祀,与天壤而同久,共三光而永光。"这是对于一位学者的极高评价。中国著名的史学家、文学家司马迁所讲的"究天人之际,通古今之变,成一家之言"也是强调要在古今贯通中形成自己独立的见解,并努力达到新的高度。博士生应该以"独立之精神、自由之思想"来要求自己,不断创造新的学术成果。

诺贝尔物理学奖获得者杨振宁先生曾在20世纪80年代初对到访纽约州立大学石溪分校的90多名中国学生、学者提出:"独创性是科学工作者最重要的素质。"杨先生主张做研究的人一定要有独创的精神、独到的见解和独立研究的能力。在科技如此发达的今天,学术上的独创性变得越来越难,也愈加珍贵和重要。博士生要树立敢为天下先的志向,在独创性上下功夫,勇于挑战最前沿的科学问题。

批判性思维是一种遵循逻辑规则、不断质疑和反省的思维方式,具有批判性思维的人勇于挑战自己,敢于挑战权威。批判性思维的缺乏往往被认为是中国学生特有的弱项,也是我们在博士生培养方面存在的一个普遍问题。2001年,美国卡内基基金会开展了一项"卡内基博士生教育创新计划",针对博士生教育进行调研,并发布了研究报告。该报告指出:在美国和欧洲,培养学生保持批判而质疑的眼光看待自己、同行和导师的观点同样非常不容易,批判性思维的培养必须成为博士生培养项目的组成部分。

对于博士生而言,批判性思维的养成要从如何面对权威开始。为了鼓励学生质疑学术权威、挑战现有学术范式,培养学生的挑战精神和创新能力,清华大学在 2013 年发起"巅峰对话",由学生自主邀请各学科领域具有国际影响力的学术大师与清华学生同台对话。该活动迄今已经举办了 21 期,先后邀请 17 位诺贝尔奖、3 位图灵奖、1 位菲尔兹奖获得者参与对话。诺贝尔化学奖得主巴里·夏普莱斯(Barry Sharpless)在 2013 年 11 月来清华参加"巅峰对话"时,对于清华学生的质疑精神印象深刻。他在接受媒体采访时谈道:"清华的学生无所畏惧,请原谅我的措辞,但他们真的很有胆量。"这是我听到的对清华学生的最高评价,博士生就应该具备这样的勇气和能力。培养批判性思维更难的一层是要有勇气不断否定自己,有一种不断超越自己的精神。爱因斯坦说:"在真理的认识方面,任何以权威自居的人,必将在上帝的嬉笑中垮台。"这句名言应该成为每一位从事学术研究的博士生的箴言。

提高博士生培养质量有赖于构建全方位的博士生教育体系

一流的博士生教育要有一流的教育理念,需要构建全方位的教育体系,把教育理念落实到博士生培养的各个环节中。

在博士生选拔方面,不能简单按考分录取,而是要侧重评价学术志趣和创新潜力。知识结构固然重要,但学术志趣和创新潜力更关键,考分不能完全反映学生的学术潜质。清华大学在经过多年试点探索的基础上,于 2016 年开始全面实行博士生招生"申请-审核"制,从原来的按照考试分数招收博士生,转变为按科研创新能力、专业学术潜质招收,并给予院系、学科、导师更大的自主权。《清华大学"申请-审核"制实施办法》明晰了导师和院系在考核、遴选和推荐上的权力和职责,同时确定了规范的流程及监管要求。

在博士生指导教师资格确认方面,不能论资排辈,要更看重教师的学术活力及研究工作的前沿性。博士生教育质量的提升关键在于教师,要让更多、更优秀的教师参与到博士生教育中来。清华大学从 2009 年开始探索将博士生导师评定权下放到各学位评定分委员会,允许评聘一部分优秀副教授担任博士生导师。近年来,学校在推进教师人事制度改革过程中,明确教研系列助理教授可以独立指导博士生,让富有创造活力的青年教师指导优秀的青年学生,师生相互促进、共同成长。

在促进博士生交流方面，要努力突破学科领域的界限，注重搭建跨学科的平台。跨学科交流是激发博士生学术创造力的重要途径，博士生要努力提升在交叉学科领域开展科研工作的能力。清华大学于 2014 年创办了"微沙龙"平台，同学们可以通过微信平台随时发布学术话题，寻觅学术伙伴。3 年来，博士生参与和发起"微沙龙"12 000 多场，参与博士生达 38 000 多人次。"微沙龙"促进了不同学科学生之间的思想碰撞，激发了同学们的学术志趣。清华于 2002 年创办了博士生论坛，论坛由同学自己组织，师生共同参与。博士生论坛持续举办了 500 期，开展了 18 000 多场学术报告，切实起到了师生互动、教学相长、学科交融、促进交流的作用。学校积极资助博士生到世界一流大学开展交流与合作研究，超过 60％的博士生有海外访学经历。清华于 2011 年设立了发展中国家博士生项目，鼓励学生到发展中国家亲身体验和调研，在全球化背景下研究发展中国家的各类问题。

在博士学位评定方面，权力要进一步下放，学术判断应该由各领域的学者来负责。院系二级学术单位应该在评定博士论文水平上拥有更多的权力，也应担负更多的责任。清华大学从 2015 年开始把学位论文的评审职责授权给各学位评定分委员会，学位论文质量和学位评审过程主要由各学位分委员会进行把关，校学位委员会负责学位管理整体工作，负责制度建设和争议事项处理。

全面提高人才培养能力是建设世界一流大学的核心。博士生培养质量的提升是大学办学质量提升的重要标志。我们要高度重视、充分发挥博士生教育的战略性、引领性作用，面向世界、勇于进取，树立自信、保持特色，不断推动一流大学的人才培养迈向新的高度。

清华大学校长

2017 年 12 月 5 日

丛书序二

以学术型人才培养为主的博士生教育,肩负着培养具有国际竞争力的高层次学术创新人才的重任,是国家发展战略的重要组成部分,是清华大学人才培养的重中之重。

作为首批设立研究生院的高校,清华大学自 20 世纪 80 年代初开始,立足国家和社会需要,结合校内实际情况,不断推动博士生教育改革。为了提供适宜博士生成长的学术环境,我校一方面不断地营造浓厚的学术氛围,一方面大力推动培养模式创新探索。我校从多年前就已开始运行一系列博士生培养专项基金和特色项目,激励博士生潜心学术、锐意创新,拓宽博士生的国际视野,倡导跨学科研究与交流,不断提升博士生培养质量。

博士生是最具创造力的学术研究新生力量,思维活跃,求真求实。他们在导师的指导下进入本领域研究前沿,吸取本领域最新的研究成果,拓宽人类的认知边界,不断取得创新性成果。这套优秀博士学位论文丛书,不仅是我校博士生研究工作前沿成果的体现,也是我校博士生学术精神传承和光大的体现。

这套丛书的每一篇论文均来自学校新近每年评选的校级优秀博士学位论文。为了鼓励创新,激励优秀的博士生脱颖而出,同时激励导师悉心指导,我校评选校级优秀博士学位论文已有 20 多年。评选出的优秀博士学位论文代表了我校各学科最优秀的博士学位论文的水平。为了传播优秀的博士学位论文成果,更好地推动学术交流与学科建设,促进博士生未来发展和成长,清华大学研究生院与清华大学出版社合作出版这些优秀的博士学位论文。

感谢清华大学出版社,悉心地为每位作者提供专业、细致的写作和出版指导,使这些博士论文以专著方式呈现在读者面前,促进了这些最新的优秀研究成果的快速广泛传播。相信本套丛书的出版可以为国内外各相关领域或交叉领域的在读研究生和科研人员提供有益的参考,为相关学科领域的发展和优秀科研成果的转化起到积极的推动作用。

  感谢丛书作者的导师们。这些优秀的博士学位论文，从选题、研究到成文，离不开导师的精心指导。我校优秀的师生导学传统，成就了一项项优秀的研究成果，成就了一大批青年学者，也成就了清华的学术研究。感谢导师们为每篇论文精心撰写序言，帮助读者更好地理解论文。

  感谢丛书的作者们。他们优秀的学术成果，连同鲜活的思想、创新的精神、严谨的学风，都为致力于学术研究的后来者树立了榜样。他们本着精益求精的精神，对论文进行了细致的修改完善，使之在具备科学性、前沿性的同时，更具系统性和可读性。

  这套丛书涵盖清华众多学科，从论文的选题能够感受到作者们积极参与国家重大战略、社会发展问题、新兴产业创新等的研究热情，能够感受到作者们的国际视野和人文情怀。相信这些年轻作者们勇于承担学术创新重任的社会责任感能够感染和带动越来越多的博士生，将论文书写在祖国的大地上。

  祝愿丛书的作者们、读者们和所有从事学术研究的同行们在未来的道路上坚持梦想，百折不挠！在服务国家、奉献社会和造福人类的事业中不断创新，做新时代的引领者。

  相信每一位读者在阅读这一本本学术著作的时候，在吸取学术创新成果、享受学术之美的同时，能够将其中所蕴含的科学理性精神和学术奉献精神传播和发扬出去。

清华大学研究生院院长

2018 年 1 月 5 日

导师序言

《"健康中国 2030"规划纲要》指出，要以提高人民健康水平为核心，以普及健康生活、建设健康环境等为重点，全方位、全周期保障人民健康。考虑到一般人群有超过 80% 的时间在室内环境中度过，控制室内空气污染、营造健康的建筑环境是我国健康事业的一个重要议题。随着人民经济生活水平的不断提高，新型聚合材料及日化用品的使用日益广泛，半挥发性有机化合物（semi-volatile organic compounds，SVOC）逐渐成为各类建筑环境中常见的新型空气污染物。SVOC 的挥发性较弱，在室内环境中除了气相以外，还会吸附在各类物体表面上，以颗粒相、降尘相及表面相的形式存在。人体在室内环境中会通过多种途径暴露于以多相形式存在的 SVOC 污染中，人体对 SVOC 的暴露可能导致包括癌症在内的各种健康风险。因此，需要对 SVOC 在室内环境中的传输及暴露规律进行深入探究。

施珊珊的博士学位论文以室内环境中 SVOC 的污染问题作为研究主题，围绕 SVOC 在室内环境中的传输特性及人群暴露水平和健康风险开展了较为系统、深入的研究，具有重要的学术意义。作者系统考察了多相 SVOC 在室内传输过程中的影响因素，完善了人体对于多相 SVOC 的暴露途径，最终建立了 SVOC 多相、多途径人群暴露分布模型。该论文取得的主要创新性成果如下：

（1）建立了 SVOC 气相-颗粒相及气相-降尘相动态分配模型，综合考虑了相间动态传质过程、颗粒物动力学特性及建筑通风对 SVOC 相间分配的影响，与传统的线性瞬态平衡模型相比，该模型显著提高了室内 SVOC 分相浓度预测的准确性。

（2）建立了从定量浓度出发的室内 SVOC 多相、多途径个体暴露模型，该模型包含了人体对气相、颗粒相 SVOC 的呼吸暴露，对气相、颗粒相 SVOC 的皮肤暴露及对降尘相 SVOC 的摄入暴露。为了探索颗粒相 SVOC 在人体表面沉降而造成的皮肤暴露这一途径，建立了颗粒在人体表面的沉降模型，给出了不同工况下颗粒物在人体表面的综合沉降速度。

（3）基于蒙特卡罗（Monte Carlo）方法建立了 SVOC 多相、多途径人群暴露模型，该模型考虑了 SVOC 污染来源、建筑通风、建筑特性参数、人体暴露参数的个体差异性。基于模型的初步应用，获得了北京城镇居民对几种室内环境常见 SVOC 的多途径人群暴露分布水平及健康风险。该结果可为室内 SVOC 污染暴露阈值确定及控制方法优化提供重要依据。

本论文取得的成果为明确室内 SVOC 污染传输及人体暴露规律提供了重要的理论研究基础，并且已基于此成果开发了室内 SVOC/颗粒物浓度和暴露模拟计算软件，相信这可以促进读者对室内 SVOC 污染问题的认识，并为室内环境的 SVOC 污染防控提供理论依据和方法支撑。

清华大学建筑学院　赵彬

2020 年 11 月 18 日

摘　要

半挥发性有机化合物(semi-volatile organic compounds,SVOC)是一种广泛存在于室内环境中的空气污染物。由于 SVOC 饱和蒸气压较低,不易挥发,因此在室内环境中气相 SVOC 会附着在悬浮颗粒物、吸附表面和降尘上。人体会通过多种暴露途径对多相 SVOC 形成暴露,可能导致包括癌症、哮喘和内分泌失调在内的严重健康危害。然而,目前对 SVOC 暴露模型的研究存在浓度计算模型不合理、个体暴露途径不完善、人群暴露分布不适用的问题。本书针对以上问题展开研究,主要成果如下:

(1)建立了室内环境中多相 SVOC 动态分配模型。模型综合考虑了 SVOC 相间动态分配、颗粒物动力学特性(穿透、沉降、再悬浮)及建筑通风对室内 SVOC 分相浓度的影响。模型物理意义更加明确,模拟结果和已有实验结果吻合更好,可用于模拟一般室内环境中 SVOC 分相浓度。

(2)基于室内环境中多相 SVOC 动态分配模型,结合暴露计算公式,建立了从浓度定量计算出发的 SVOC 多相、多途径个体暴露模型。模型考虑了对气相、颗粒相 SVOC 的呼吸暴露,对气相、颗粒相 SVOC 的皮肤暴露及对降尘相 SVOC 的摄入暴露。为完善由于颗粒相 SVOC 在人体表面沉降造成的皮肤暴露,建立了描述颗粒物向人体表面沉积过程的三层解析模型,并基于假人模型进行了实验验证。利用个体暴露模型模拟分析北京地区典型居民对几种常见 SVOC 的暴露水平,发现学龄前儿童 SVOC 环境暴露量可达成人的两倍以上,成年女性 SVOC 环境暴露量略大于成年男性。对于吸附相-气相分配系数较小的 SVOC,气相 SVOC 的呼吸暴露和皮肤暴露是成年人 SVOC 环境暴露的主要途径;随着分配系数的增大,降尘相 SVOC 的摄入暴露及颗粒相 SVOC 的呼吸、皮肤暴露的重要性逐渐增加。

(3)基于蒙特卡罗方法建立了 SVOC 多相、多途径人群暴露分布模型,并对模型中的关键输入参数——自然通风换气次数及开关窗行为模式在典型地区的分布情况展开研究。针对北京市非吸烟成年居民,利用人群暴露分布模型对目标 SVOC 的人群暴露分布水平进行了案例应用。基于模拟结果的健康效应分析表明,目标人群对多环芳烃(polycyclic aromatic hydrocarbons,PAHs)可能导致的癌症风险需要格外关注。

关键词:室内空气品质;半挥发性有机化合物;暴露;模型;通风

Abstract

Semi-volatile organic compounds (SVOC) is a kind of ubiquitous air pollutant in indoor environments. It could absorb onto indoor suspended particles, sorption surfaces and settled dust due to its low vapor pressure and volatility. Human beings can be exposed to multi-phase SVOC through multi-pathways, which may lead to severe health risks, including increasing risks of cancer, asthma and endocrine disruption. Modeling is a fast and convenient way to learn populations' exposure to SVOC. However, there is no reasonable model to estimate indoor SVOC phase-specific concentrations at present. The considered exposure pathways in previous studies did not include dermal exposure to particle-phase SVOC. Last but not least, the existing models are not suitable for populational exposure to multi-phase SVOC through multi-pathways. As a result, the dissertation focused on the mentioned aspects, and the main contributions and conclusions are summarized as follows.

(1) Indoor kinetic partition models between gas-phase SVOC and suspended particles as well as settled dust were developed. The model considered the influence of kinetic partition process between gas-phase SVOC and absorption substances, particle aerodynamics and building ventilation. The model can be utilized to simulate indoor SVOC phase-specific concentrations. This model has clearer physical implication and has a much better agreement with the existing experimental results compared with former models for simulating indoor SVOC phase-specific concentrations.

(2) Combining the indoor kinetic partition model of SVOC with exposure calculation model, a model to estimate individual exposure to multi-phase SVOC through multi-pathways starting from the quantitative

calculation of concentration was developed. Inhalation exposure to gas- and particle-phases SVOC, dermal exposure to gas- and particle-phases SVOC and digestion exposure to dust-phase SVOC has been considered in this model. To estimate people's dermal exposure to particle-phase SVOC through particle deposition onto human body, an improved three-layer model was developed to study particle deposition velocity onto human body surfaces, which was validated by a manikin-based experiment. The individual exposure model was then utilized to study the typical residents' exposure to several ubiquitous SVOC in Beijing. The results indicate that the exposure to SVOC of the child before school can be more than two times of that for the adult and the exposure to SVOC of the female adult is larger than that of the male adult. For SVOC with small partition coefficient between absorption substances and gas-phase, inhalation and dermal exposure to gas-phase are the main exposure pathways for the adult. As partition coefficient becomes larger, the contributions of digestion exposure to dust-phase, inhalation exposure to particle-phase and dermal exposure to particle-phase become larger.

(3) A model to analyze populational exposure to multi-phases SVOC through multi-pathways was developed through Monte Carlo method. The probabilistic distributions of the model's key input parameters, including residential air exchange rate of nature ventilation/air infiltration and occupants' interactions with windows in typical regions in China were studied. Then, the non-smoking adults' exposure to several ubiquitous SVOC was modeled by the populational exposure model. The exposure based health risk analysis revealed the whole population's incremental lifetime cancer risk(ILCR) to polycyclic aromatic hydrocarbons (PAHs) are larger than the upper limit (10^{-5}) proposed by the US Environmental Protection Agency (USEPA) and should be paid attention.

Key words: indoor air quality; semivolatile organic compounds; exposure; model; ventilation

主要符号对照表

A	室内颗粒物总沉降面积,m^2
AER	换气次数,h^{-1}
AER_c	渗风换气次数,h^{-1}
AER_o	开窗通风换气次数,h^{-1}
A_f	地板面积,m^2
A_{fur}	室内家具表面积,m^2
A_p	单个颗粒物表面积,m^2
A_d	单个降尘表面积,m^2
A_{sp}	单个颗粒物比表面积,m^{-1}
A_{sorp}	室内 SVOC 吸附表面积,m^2
AT	致癌效应平均暴露时间,day
AV	室内环境比表面积,m^{-1}
A_w	室内墙壁面积,m^2
BW	人体体重,kg
c	SVOC 的平均分子速度,m/s
$C_{airborne}$	室内 SVOC 气载相质量浓度,$\mu g/m^3$
$C_{airborne,o}$	室外 SVOC 气载相质量浓度,$\mu g/m^3$
C_c	库宁汉修正系数(Cunninghan coefficient)
CD	日均住宅内烹饪时长,min/d
CF	室内清扫频率,d^{-1}
Co_s	热蠕动系数(thermal creep coefficient)
Co_t	温度跳跃系数(temperature jump coefficient)
Co_m	速度滑移系数(velocity slip coefficient)
CY	建成年份
C_p	室内颗粒物质量浓度,$\mu g/m^3$

$C_{\mathrm{p,o}}$	室外颗粒物质量浓度，$\mu\mathrm{g/m^3}$
C_{s}	室内气相 SVOC 质量浓度，$\mu\mathrm{g/m^3}$
$C_{\mathrm{s,o}}$	室外气相 SVOC 质量浓度，$\mu\mathrm{g/m^3}$
C_{sp}	室内颗粒相 SVOC 质量浓度，$\mu\mathrm{g/m^3}$
$C_{\mathrm{sp,o}}$	室外颗粒相 SVOC 质量浓度，$\mu\mathrm{g/m^3}$
C_{surf}	室内表面相 SVOC 质量浓度，$\mu\mathrm{g/m^2}$
CSF	致癌斜率因子，$\mu\mathrm{g/(kg \cdot d)}$
$C_{\mathrm{tr,in}}$	室内 CO_2 浓度，$\mathrm{mg/L}$
$C_{\mathrm{tr,out}}$	室外 CO_2 浓度，$\mathrm{mg/L}$
$C_{\mathrm{0,sp}}$	颗粒物表面边界层处气相 SVOC 浓度，$\mu\mathrm{g/m^3}$
D_{a}	SVOC 在空气中的扩散系数，$\mathrm{m^2/s}$
D_{B}	颗粒物布朗扩散率，$\mathrm{m^2/h}$
DI	人体日均摄入降尘量，$\mathrm{mg/d}$
D_{p}	颗粒物综合沉降率，$\mathrm{h^{-1}}$
ED_{o}	居民室外活动时间长度，$\mathrm{h/d}$
ELA	有效渗透面积，$\mathrm{cm^2}$
d_{p}	颗粒物直径，$\mu\mathrm{m}$
$d_{\mathrm{p,a}}$	颗粒物空气动力学直径，$\mu\mathrm{m}$
$d_{\mathrm{p,m}}$	颗粒物电迁移直径，$\mu\mathrm{m}$
$d_{\mathrm{p,ve}}$	颗粒物体积等效直径，$\mu\mathrm{m}$
e^{+}	速度边界层无量纲上移距离
Exposure	环境暴露量，$\mathrm{ng/(kg \cdot d)}$
$\mathrm{Exposure_{i,s}}$	气相 SVOC 的呼吸暴露量，$\mathrm{ng/(kg \cdot d)}$
$\mathrm{Exposure_{i,sp}}$	颗粒相 SVOC 的呼吸暴露量，$\mathrm{ng/(kg \cdot d)}$
$\mathrm{Exposure_{D,s}}$	气相 SVOC 的皮肤暴露量，$\mathrm{ng/(kg \cdot d)}$
$\mathrm{Exposure_{D,sp}}$	颗粒相 SVOC 的皮肤暴露量，$\mathrm{ng/(kg \cdot d)}$
$\mathrm{Exposure_{o}}$	降尘相 SVOC 的摄入暴露量，$\mathrm{ng/(kg \cdot d)}$
f_{SA}	人体皮肤表面积中直接与空气接触的比例，%
f_{om}	颗粒物中有机液层所占体积百分数，%
$\mathrm{Frequency_E}$	暴露频率，$\mathrm{d/a}$
$\mathrm{Duration_E}$	暴露时长，a
h_{c}	空气对流传热系数，$\mathrm{W/(m^2 \cdot K)}$

h_m	吸附表面对流传质系数,m/h
h_{md}	降尘表面对流传质系数,m/h
h_{mp}	悬浮颗粒物表面对流传质系数,m/h
$h_{m,s}$	皮肤表面边界层处气相SVOC的对流传质系数,m/h
LADD	终生平均每日暴露量,$\mu g/(kg \cdot d)$
ILCR	癌症风险增量
IR	长期暴露呼吸速率,m^3/d
$J_{p,D}$	颗粒物质流密度,$\mu g/(m^2 \cdot h)$
J_s	皮肤表面气相SVOC的质流密度,$\mu g/(m^2 \cdot h)$
J_{sp}	皮肤表面颗粒相SVOC的质流密度,$\mu g/(m^2 \cdot h)$
Kn	克努森数
K_{dust}	SVOC降尘相-气相分配系数,$m^3/\mu g$
K_g	SVOC玻璃表面相-气相分配系数,m
K_{gw}	SVOC玻璃表面-水溶液分配系数,m
K_{oa}	SVOC辛醇-空气分配系数
K_p	SVOC颗粒相-气相分配系数,$m^3/\mu g$
k_{p_cb}	气相SVOC从皮肤边界层穿过角质层到达活性表皮层的穿透系数,m/h
k_{p_eb}	气相SVOC穿过活性表皮层到达毛细管真皮层的穿透系数,m/h
k_s	气相SVOC从空气穿透皮肤进入血液的穿透系数,m/h
K_{surf}	SVOC表面相-气相分配系数,m
K_{wa}	SVOC水溶液-空气分配系数
L	假人特征长度,m
LF	室内家具表面负载率,m^{-1}
M	SVOC的分子质量,kg/mol
M_D	室内地板表面积尘量,$\mu g/m^2$
m_p	单个颗粒物质量,μg
NB	卧室个数
N_{dn}	室内地板表面降尘个数浓度,m^{-2}
NL	标准化渗透面积
N_{pn}	室内颗粒物个数浓度,m^{-3}
P_p	颗粒物穿透系数

P_{sk}	皮肤表面饱和蒸气压,Pa
P_g	水蒸气分压,Pa
$Prob_o$	开窗概率
Q	人体散热量,W
Q_n	自然通风换气量,m^3/h
Q_f	机械通风系统新风量,m^3/h
Q_r	机械通风系统回风量,m^3/h
R	气体常数,$J/(mol \cdot K)$
Re	雷诺数
RH	空气相对湿度,%
R_p	颗粒物再悬浮速率,h^{-1}
R_s	皮肤粗糙度,μm
SA	皮肤表面积,m^2
Sc	施密特数
S_p	颗粒物室内源散发强度,$\mu g/h$
S_s	室内气相 SVOC 源散发强度,$\mu g/h$
S_{sp}	室内颗粒相 SVOC 源散发强度,$\mu g/h$
t	时间,h
t_{in}	室内温度,℃
T_{in}	室内温度,K
t_o	室外温度,℃
t_{sk}	人体皮肤表面温度,℃
T_{sk}	人体皮肤表面温度,K
u_∞	人体表面空气流速,m/s
V	室内空间总体积,m^3
v_d	颗粒物室内综合沉降速度,m/h
$v_{d,f}$	颗粒物在地板表面的沉降速度,m/h
$v_{d,h}$	颗粒物在人体表面的沉降速度,m/h
v_{dif}	扩散泳速度,m/h
V_p	饱和蒸气压,Pa
v_g	颗粒物重力沉降速度,m/h
v_s	室外风速,m/s
v_{th}	热泳速度,m/h

v_{turb}	湍流泳速度，m/h
X_{dust}	降尘相 SVOC 浓度，μg/μg

希腊字母

ε_p	颗粒物在浓度边界层的湍流扩散率，m^2/h
η_f	机械通风系统新风颗粒物过滤效率，%
η_r	机械通风系统回风颗粒物过滤效率，%
θ	沉降表面倾角，(°)
λ	分子平均自由程，μm
λ_a	空气热导率，W/(m・K)
λ_p	颗粒物热导率，W/(m・K)
μ_a	空气动力黏度，N・s/m^2
ν_t	湍流运动黏度，m^2/s
ν	空气运动黏度，m^2/s
ρ_a	空气密度，kg/m^3
ρ_p	悬浮颗粒物密度，μg/m^3
$\tau_{r,D}$	室内降尘停留时间，h
τ_p	颗粒物弛豫时间，s
τ_L	流体的拉格朗日时间尺度，s
χ	颗粒物形状因子

缩写表

Ace	苊（acenaphthene）
Acy	苊烯（acenaphthylene）
AHTN	吐纳麝香（6-acetyl-1,1,2,4,4,7-hexamethyltetralin）
AIC	赤池信息量准则（Akaike information criterion）
Ant	蒽（anthracene）
APEX	空气污染物暴露评估模型（the air pollutants exposure model）
APS	空气动力学粒径谱仪（aerosol particle sizer）
ASHRAE	美国采暖、制冷与空调工程师学会（American Society of Heating Refrigerating and Air-conditioning Engineers）
BaA	苯并[a]蒽（benzo[a]anthracene）
BaP	苯并[a]芘（benzo[a]pyrene）
BbF	苯并[b]荧蒽（benzo[b]fluoranthene）
BBP	邻苯二甲酸丁苄酯（butyl benzyl phthalate）
BghiP	苯并[g,h,i]芘（benzo[g,h,i]perylene）
BHT	丁羟甲苯（butylated hydroxytoluene）
BkF	苯并[k]荧蒽（benzo[k]fluoranthene）
Chry	䓛（chrysene）
CSF	致癌斜率因子（caner slope factor）
CY	建成年份（construction year）
DBA	二苯并[a,h]蒽（dibenzo[a,h]anthracene）
DDT	双对氯苯基三氯乙烷（dichlorodiphenyltrichloroethane）
DEHA	己二酸二辛酯（di(2-ethylhexyl)adipate）
DEHP	邻苯二甲酸二(2-乙基己基)酯（di(2-ethylhexyl)phthalat）
DEP	邻苯二甲酸二乙酯（diethyl phthalate）
DiBDE	4,4′-二溴二苯醚（4,4′-Dibromodiphenyl ether）
DiBP	邻苯二甲酸二异丁酯（di-iso-butyl ortho-phthalate）

DMP	邻苯二甲酸二甲酯(dimethyl ortho-phthalate)
DnBP	邻苯二甲酸二正丁酯(di-n-butyl phthalate)
ELA	有效渗透面积(effective leakage area)
EtFOSE	n-乙基全氟辛基磺酰胺乙醇 (n-ethyl perfluorooctane sulfonamidoethanol)
Flu	荧蒽(fluoranthene)
Fluo	芴(fluorene)
GVIF	广义方差膨胀因子(generalized variance inflation factor)
HBCD	六溴环十二烷(hexabromocyclododecane)
HHCB	1,3,4,6,7,8-六氢-4,6,6,7,8,8-六甲基环五-γ-2-苯并吡喃 (1,3,4,6,7,8-hexahydro-4,6,6,7,8,8-hexamethyl-cyclopenta[g]-2-benzopyra)
IAQ	室内空气品质(indoor air quaility)
IARC	国际癌症研究机构(International Agency of Research on Cancer)
ILCR	癌症风险增量(incremental lifetime cancer risk)
IP	茚并[1,2,3-cd]芘(indeno[1,2,3-c,d]pyrene)
LADD	终生平均每日暴露量(lifetime average daily dose)
LRT	似然比检验(likelihood ratio test)
MeFOSE	1,1,2,2,3,3,4,4,5,5,6,6,7,7,8,8,8-十七氟-N-(2-羟乙基)-N-甲基-1-辛基磺酰胺(n-methylperfluorooctane sulfonamidoethanol)
NAAQS	全国环境空气质量标准(national ambient air quality standards)
Nap	萘(naphthalene)
NL	标准化渗透面积(normalized leakage)
PAEs	邻苯二甲酸酯(phthalate esters)
PAHs	多环芳烃(polycyclic aromatic hydrocarbons)
PBO	胡椒基丁醚(piperonyl butoxide)
PCB	多氯联苯(polychlorinated biphenyl)
Phe	菲(phenanthrene)
Pyr	芘(pyrene)
SHEDS	人体暴露及剂量模拟随机模型(stochastic human exposure and dose simulation model)
SMPS	扫描电迁移率粒径谱仪(scanning mobility particle sizers)

SVOC   半挥发性有机化合物(semi-volatile organic compounds)
TBP   磷酸三丁酯(tributyl phosphate)
TEF   等效毒性因子(toxicity equivalency factors)
TRIM   全风险累积方法学(total risk integrated methodology)
USEPA   美国环保署(US Environmental Protection Agency)

目　录

第 1 章　引言 ⋯⋯⋯⋯⋯⋯⋯⋯⋯⋯⋯⋯⋯⋯⋯⋯⋯⋯⋯⋯⋯⋯⋯ 1

1.1　研究背景 ⋯⋯⋯⋯⋯⋯⋯⋯⋯⋯⋯⋯⋯⋯⋯⋯⋯⋯⋯⋯⋯ 1

1.2　研究进展 ⋯⋯⋯⋯⋯⋯⋯⋯⋯⋯⋯⋯⋯⋯⋯⋯⋯⋯⋯⋯⋯ 5

　　1.2.1　室内环境中多相 SVOC 动态分配模型 ⋯⋯⋯⋯⋯ 5

　　1.2.2　SVOC 多相、多途径个体暴露的研究 ⋯⋯⋯⋯⋯ 6

　　1.2.3　SVOC 多相、多途径人群暴露分布模型 ⋯⋯⋯⋯ 7

　　1.2.4　总结和评价 ⋯⋯⋯⋯⋯⋯⋯⋯⋯⋯⋯⋯⋯⋯⋯⋯ 8

1.3　研究内容和技术路线 ⋯⋯⋯⋯⋯⋯⋯⋯⋯⋯⋯⋯⋯⋯ 9

第 2 章　室内环境中多相 SVOC 动态分配模型的研究 ⋯⋯⋯⋯⋯ 11

2.1　引论 ⋯⋯⋯⋯⋯⋯⋯⋯⋯⋯⋯⋯⋯⋯⋯⋯⋯⋯⋯⋯⋯⋯ 11

2.2　SVOC 气相-颗粒相动态分配模型 ⋯⋯⋯⋯⋯⋯⋯⋯⋯ 11

　　2.2.1　模型建立 ⋯⋯⋯⋯⋯⋯⋯⋯⋯⋯⋯⋯⋯⋯⋯⋯⋯ 11

　　2.2.2　模型验证 ⋯⋯⋯⋯⋯⋯⋯⋯⋯⋯⋯⋯⋯⋯⋯⋯⋯ 15

　　2.2.3　模型对比 ⋯⋯⋯⋯⋯⋯⋯⋯⋯⋯⋯⋯⋯⋯⋯⋯⋯ 18

2.3　SVOC 气相-降尘相动态分配模型 ⋯⋯⋯⋯⋯⋯⋯⋯⋯ 26

　　2.3.1　模型建立 ⋯⋯⋯⋯⋯⋯⋯⋯⋯⋯⋯⋯⋯⋯⋯⋯⋯ 26

　　2.3.2　模型验证和模型对比 ⋯⋯⋯⋯⋯⋯⋯⋯⋯⋯⋯⋯ 28

2.4　小结 ⋯⋯⋯⋯⋯⋯⋯⋯⋯⋯⋯⋯⋯⋯⋯⋯⋯⋯⋯⋯⋯⋯ 41

第 3 章　SVOC 多相、多途径个体暴露模型的研究 ⋯⋯⋯⋯⋯⋯ 42

3.1　引论 ⋯⋯⋯⋯⋯⋯⋯⋯⋯⋯⋯⋯⋯⋯⋯⋯⋯⋯⋯⋯⋯⋯ 42

3.2　SVOC 多相、多途径个体暴露模型的建立 ⋯⋯⋯⋯⋯ 43

　　3.2.1　浓度计算模型 ⋯⋯⋯⋯⋯⋯⋯⋯⋯⋯⋯⋯⋯⋯⋯ 43

　　3.2.2　暴露计算模型 ⋯⋯⋯⋯⋯⋯⋯⋯⋯⋯⋯⋯⋯⋯⋯ 44

3.3　颗粒物在人体表面沉降速度的确定 ⋯⋯⋯⋯⋯⋯⋯⋯ 46

　　　　3.3.1　模型建立 ……………………………………… 46
　　　　3.3.2　模型验证 ……………………………………… 48
　　　　3.3.3　模型应用 ……………………………………… 56
　　3.4　SVOC多相、多途径个体暴露模型案例应用 ………… 59
　　　　3.4.1　研究对象 ……………………………………… 59
　　　　3.4.2　输入参数 ……………………………………… 60
　　　　3.4.3　结果与分析 …………………………………… 68
　　3.5　小结………………………………………………………… 78

第4章　SVOC多相、多途径人群暴露分布模型的研究 ……… 79
　　4.1　引论………………………………………………………… 79
　　4.2　模型建立…………………………………………………… 79
　　　　4.2.1　浓度计算模型 ………………………………… 80
　　　　4.2.2　暴露计算模型 ………………………………… 83
　　　　4.2.3　模型输入参数 ………………………………… 84
　　4.3　关键参数1——北京市住宅自然通风换气次数分布研究 … 85
　　　　4.3.1　渗风换气次数（AER_c）分布的研究 ……… 85
　　　　4.3.2　开窗通风换气次数（AER_o）分布的研究 … 101
　　4.4　关键参数2——典型地区开关窗行为模式的研究 ……… 105
　　　　4.4.1　实验设计 ……………………………………… 105
　　　　4.4.2　线性逻辑回归 ………………………………… 108
　　　　4.4.3　质量保证和质量控制 ………………………… 109
　　　　4.4.4　结果与讨论 …………………………………… 110
　　4.5　SVOC多相、多途径人群暴露分布模型案例应用 …… 117
　　　　4.5.1　研究对象 ……………………………………… 117
　　　　4.5.2　输入参数 ……………………………………… 117
　　　　4.5.3　结果与分析 …………………………………… 123
　　4.6　小结………………………………………………………… 134

第5章　结论与展望 ……………………………………………… 136
　　5.1　结论 ……………………………………………………… 136
　　5.2　展望 ……………………………………………………… 138

参考文献……………………………………………………………… 139

在学期间发表的学术论文与研究成果…………………………… 151

致谢…………………………………………………………………… 153

第 1 章 引 言

1.1 研 究 背 景

半挥发性有机化合物(semi-volaltile organic compounds,SVOC)是一类有机物质。根据世界卫生组织分类,SVOC 指的是沸点在 240～400℃、饱和蒸气压在 10^{-9}～10 Pa 的有机化合物。由于其饱和蒸气压较低,较难挥发,因此除了气相外,SVOC 还会吸附在悬浮颗粒物、吸附表面(如墙壁、家具表面)、室内降尘上,以气相、颗粒相、降尘相、表面相的多相形式存在于室内环境[1]。

SVOC 的来源复杂且广泛。常见的 SVOC 来源包括添加在各种材料中的添加剂(如阻燃剂、增塑剂、防腐剂)、燃烧产生的多环芳烃(polycyclic aromatic hydrocarbons,PAHs)、杀虫剂、除草剂及个人护理用品中的某些成分等[1-2]。由于多种因素的共同作用,SVOC 的污染问题日益严峻。随着能源需求量的增加和人口数量的增长,发展中国家的 PAHs 排放量逐年增加。2004 年,我国的 PAHs 排放总量(1.1×10^{11} g)已经位列世界第一,排放密度(12.2 kg/(km^2 · a))远超过了国际平均水平(3.98 kg/(km^2 · a))[3]。此外,中国已经成为世界上最大的增塑剂生产国、进口国和消费国。2012 年,我国的增塑剂产能占全球产能的 50% 以上,增塑剂消费量占全球消费量的 45%[4]。

一些 SVOC,如 PAHs、增塑剂和阻燃剂,以多相形式广泛存在于一般的室内环境。通过总结文献中的实验数据可以发现,我国室内空气中部分 SVOC 的浓度已达到或高于发达国家水平[5-18],如图 1.1 所示。

人体对一些 SVOC 的暴露可能会导致严重的健康危害。国际癌症研究机构(International Agency of Research on Cancer,IARC)对一些化学物质的致癌效应进行了定级,其中 1 级为对人体致癌;2A 级为很可能对人体致癌;2B 级为可能对人体致癌;3 级为对人体致癌性不予归类;4 级为很

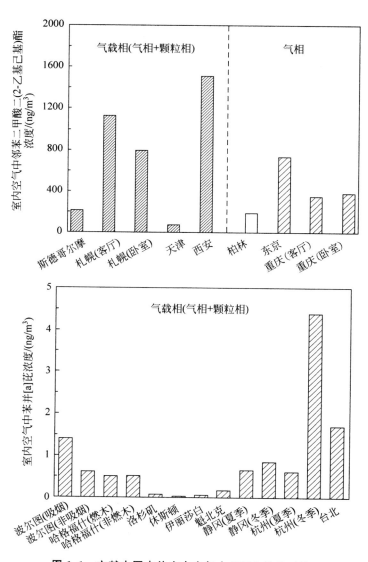

图 1.1　文献中国内外室内空气中 SVOC 浓度对比

可能对人体不致癌[19]。其中,部分 SVOC 被定级为对人体致癌,可能对人体致癌或者在动物实验中被证明具有致癌效应,见表 1.1。

表 1.1 部分 SVOC 致癌等级

物 质		致 癌 等 级
多环芳烃	萘(Nap)	2B
	苊(Ace)	3
	芴(Fluo)	3
	菲(Phe)	3
	蒽(Ant)	3
	荧蒽(Flu)	3
	芘(Pyr)	3
	苯并[a]蒽(BaA)	2B
	䓛(Chry)	2B
	苯并[a]芘(BaP)	1
	苯并[g,h,i]芘(BghiP)	3
	茚并[1,2,3-cd]芘(IP)	2B
增塑剂	己二酸二辛酯(DEHA)	3
	邻苯二甲酸丁苄酯(BBP)	3
	邻苯二甲酸二(2-乙基己基)酯(DEHP)	2B
杀虫剂/除草剂	氯丹(Chlordane)[a]	2B
	双对氯苯基三氯乙烷(DDT)	2A
	二嗪农(Diazinon)[a]	2A
	甲基对硫磷(Methyl parathion)[a]	3
	氯菊酯(Permethrin)[a]	3
	胡椒基丁醚(PBO)	3
	丁羟甲苯(BHT)	3

注:[a]代表物质无简称。

此外,毒理学和流行病学研究表明,对一些 SVOC 的短期或长期暴露可能会对人体造成不同程度的其他健康危害。例如,在动物实验中,发现对邻苯二甲酸酯(phthalic esters,PAEs)的暴露不仅会对生殖系统造成损伤,严重的还可致癌[20]。对邻苯二甲酸二(2-乙基己基)酯(di(2-ethylhexyl)phthalate,DEHP,PAEs 的一种)的呼吸暴露,尤其是对颗粒相 DEHP 的呼吸暴露与儿童哮喘病例的增加存在相关性关系[21]。对 DEHP 的长期暴露被证明会造成对肝脏、呼吸系统、肾脏和心肺等器官的多重器官损伤[22]。在一些职业暴露环境中,Boffetta 等人研究发现人体对 PAHs 的高浓度皮肤暴露与皮肤癌发生风险的增加有关[23]。在我国,宣威地区女性肺癌的高致死率与厨房中由于燃烧烟煤产生的高浓度 PAHs 有显著的相关性关系[24]。因此,对 SVOC 的多相、多途径人群暴露分布规律,尤其是对我国SVOC 的多相、多途径人群暴露分布规律进行研究是当前提升室内空气品质亟待解决的问题。

　　一般而言,对空气污染物的研究主要分为四个部分,分别是对大气环境的研究、对人体暴露的研究、对健康危害的研究及对环境政策的研究,如图 1.2 所示。其中,流行病学中对空气污染物进行健康危害的研究需要了解人群的暴露水平,合理地制定相关的环境政策需要以人群对污染物的暴露规律作为重要参考。人群对空气污染的暴露规律的研究方法主要有两种:实验研究和模型研究。实验研究过程中人力、财力及时间的消耗较大,研究结果仅对目标人群成立,不具有普适性。而模型研究具有省时省力的优点,可同时用来对不同人群展开研究。因此,本书将对 SVOC 多相、多途径的人群暴露分布模型展开研究。下面针对国内外关于 SVOC 多相、多途径的人群暴露分布模型的相关研究进行文献综述,总结其中不足,并提炼本书的研究点。

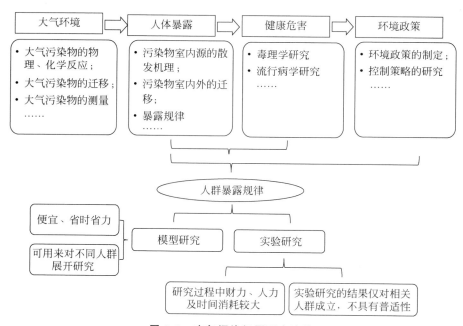

图 1.2　空气污染问题研究路线

1.2　研　究　进　展

1.2.1　室内环境中多相 SVOC 动态分配模型

评估 SVOC 的人群暴露,首先需要对室内 SVOC 的浓度进行确定。SVOC 的饱和蒸气压较低,不易挥发,在室内会附着于悬浮颗粒物、墙壁及家具表面上,因此需要建立合理的 SVOC 室内动力学传输模型来计算室内 SVOC 分相浓度。在已有研究中,Liu 等人[25]、Xu 等人[26]、Zhang 等人[27]及 Little 等人[28]利用线性瞬态平衡模型来模拟室内 SVOC 分相浓度。在线性瞬态平衡模型中,认为各吸附相中 SVOC 的浓度和气相浓度瞬间达到平衡状态,各吸附相和气相 SVOC 间的浓度关系可用线性关系来描述,如下所示:

$$C_{sp} = K_p C_p C_s \tag{1-1}$$

$$C_{surf} = K_{surf} C_s \tag{1-2}$$

$$X_{dust} = K_{dust} C_s \tag{1-3}$$

其中,C_s 为室内气相 SVOC 质量浓度,单位为 $\mu g/m^3$;C_{sp} 为室内颗粒相 SVOC 质量浓度,单位为 $\mu g/m^3$;C_{surf} 为室内表面相 SVOC 质量浓度,单位为 $\mu g/m^2$;X_{dust} 为室内降尘相 SVOC 浓度,单位为 $\mu g/\mu g$;C_p 为室内悬浮颗粒物质量浓度,单位为 $\mu g/m^3$;K_p 为 SVOC 颗粒相-气相分配系数,单位为 $m^3/\mu g$;K_{surf} 为 SVOC 表面相-气相分配系数,单位为 m;K_{dust} 为 SVOC 降尘相-气相分配系数,单位为 $m^3/\mu g$。

然而,Weschler 和 Nazaroff 的估算结果表明,对于一些挥发性较差的 SVOC,气相 SVOC 与各吸附相间达到平衡状态需要一定的时间,有的 SVOC 的平衡时间甚至可以达到数月至数年之久[1]。基于此,使用线性瞬态平衡模型来模拟室内 SVOC 的分相浓度并不合理。由此,研究者们建立了一些 SVOC 相间动态分配模型,利用外部控制的动态传质模型来描述气相 SVOC 和悬浮颗粒物及吸附表面的传质过程,并以此为基础模拟室内 SVOC 分相浓度。但这些动态分配模型有的未考虑颗粒物动力学特性,有的未包含建筑通风对 SVOC 室内分相浓度的影响,不符合一般室内环境中的实际情况[29]。有的模型仅针对单个悬浮颗粒物进行建模,无法对一般室内环境中的 SVOC 分相浓度进行模拟[30]。

1.2.2   SVOC 多相、多途径个体暴露的研究

目前对 SVOC 个体暴露的研究主要有以下几种方法。一是生物标记物法,通过测定目标个体代谢物中的生物标记物水平来确定其对相关SVOC 的暴露量[31]。这种方法能够准确反映人体对污染物的实际暴露量,在控制条件下可以区分不同暴露途径的贡献量。二是个体暴露监测法,利用可携带的污染物采集装置对个体所接触的空气污染物浓度进行实时监测[32]。该方法能够准确反映人体与目标污染物的实际接触情况。但以上两种方法的实验部分都较为耗时耗力,很难做到长期监测和大面积研究。三是对个体暴露基于模型进行模拟。一部分研究者根据实测的 SVOC 浓度基于暴露计算公式进行分相暴露的模拟[33]。该方法以实测浓度为基础,能够较为准确地估算出 SVOC 各相、各途径的暴露水平。但同样,SVOC浓度的实测过程较为复杂,分相浓度的测量存在较大难度,不利于开展大面积研究。另一部分研究者根据污染物源散发特性和传输特性,通过浓度计算公式和暴露计算公式得出 SVOC 的各相、各途径暴露水平。但现有的个体暴露模型主要有以下两点问题:①浓度计算方法不合理,有的个体暴露模型基于线性瞬态平衡模型对室内 SVOC 分相浓度进行计算[28],有的个体暴露模型未考虑颗粒物动力学特性和建筑通风对 SVOC 室内分相浓度的影响[29];②暴露途径不全,未涵盖由颗粒相 SVOC 在人体表面沉降造成的皮肤暴露。

附着有污染物的颗粒沉降对人体表面可能是一个潜在的污染物暴露途径。沉降是一种重要的颗粒物动力学行为,沉降速度是定量描述这一过程的关键参数。已有的大部分研究将重点放在了颗粒物在室内环境或者风道内的沉降机理上,建立了此环境下颗粒物沉降速度的估算模型[34-37]。关于颗粒物在人体表面沉降速度的研究却较少。Ge 等人利用计算流体力学(computational fluid dynamics,CFD)对不同风环境下人体呼吸颗粒物的过程及人体热效应对此过程的影响进行了研究[38]。Salmanzadeh 等人利用数值模拟的手段研究了人体表面热羽流对室内流场及颗粒物传输的影响[39]。但以上研究并没有对颗粒物在人体表面的沉降速度展开研究。Schneider 等人研究了颗粒物在人体面部肌肤和眼部的沉降并建立了半经验模型来估算颗粒物在这些部位的沉降速度,该模型考虑了电场力的作用[40]。Andersson 等人通过实验对颗粒物在人体一些具体部位(如手臂)

的沉降速度进行了研究,并考虑了电泳力、温度、湿度及颗粒运动对颗粒物在人体表面沉降的影响[41]。然而上述两个研究关注的是颗粒物在人体具体部位的沉降速度,并没有对颗粒物在整个人体表面的综合沉降速度进行考虑。此外,这些研究没有考虑一些同样会对颗粒物在人体表面沉降造成影响的环境因素(如热泳力和扩散泳力)。

1.2.3　SVOC 多相、多途径人群暴露分布模型

对人群的污染物暴露规律的研究主要有两种方式:实验研究和模型研究。利用实验的方法对人群的污染物暴露规律进行监测,能够最为准确地反映实际情况,然而实验过程中财力、人力及时间成本较高,且实验研究结果仅对受试人群成立,不具有普适性。而模型研究具有便宜、省时省力的特点,可以基于污染物浓度水平和较为容易获得的暴露参数人群分布,对不同人群的污染物暴露分布情况展开研究。

美国环保署(US Environmental Protection Agency,USEPA)基于全国环境空气质量标准个体污染物暴露模型(national ambient air quality standards exposure model,NEM)建立了人群的污染物暴露分布模型。在此模型中,首先确定研究区域、研究人群及研究时段,然后将研究人群细化分为不同的人口组,接着为每个人口组建立一个暴露时间序列,计算各暴露环境中污染物浓度,最后以各人口组在各暴露环境中的时均暴露浓度为暴露量,将人口组的暴露外推获得关注人群的暴露量。在计算微环境室内污染物浓度时,以质量守恒为基础,考虑了通风、源、沉降等因素的影响。该模型被应用在评估颗粒物[42]和臭氧[43]的人群暴露的研究中。此外,USEPA 还根据全风险累积方法学(total risk integrated methodology,TRIM)模型建立了空气污染物暴露评估模型(the air pollutants exposure model),即 APEX/TRIM 模型。该模型首先确定研究区域及该区域的空气质量参数和气象参数,接着基于年龄、性别、种族及职业生成模拟个体,建立模拟个体的活动时间序列,然后计算微环境的污染物浓度,并基于此计算出个体的污染物暴露量(时均暴露浓度)。该模型可应用于一氧化碳、臭氧及颗粒物的人群污染物暴露分布研究。然而上述两个模型均定义暴露量为时均暴露浓度,无法区分暴露途径,因而无法应用于 SVOC 多相、多途径暴露的研究,且暴露参数基于美国人口,不适用于其他地区。此外,USEPA 还开发了人体暴露及剂量模拟随机模型(stochastic human exposure and dose simulation model,

SHEDS)。SHEDS 在上述模型的基础上有所改进。SHEDS 包括 SHEDS-PM 和 SHEDS-4M 两个部分。SHEDS-PM 可用来计算人群对颗粒物的暴露分布，该模型可区分室内、室外源对总暴露的贡献量。而 SHEDS-4M 用来计算人群对多物质（multiple co-occuring contaminant）、多介质（multimedia）、多途径（multi-pathway）、多路径（multi-route）的暴露情况[44]。SHEDS 可用于铅、汞、杀虫剂等污染物的人群暴露研究。但 SHEDS 仍旧无法计算 SVOC 的室内分相浓度，暴露模型中暴露途径不完善，未包含颗粒相-皮肤的暴露途径。

此外，污染物人群暴露分布模型的应用需要基于准确的输入参数。美国、韩国、日本、中国等许多国家都展开了基于整个人群的暴露参数的调查研究。除了常见的暴露参数，自然通风换气次数和开关窗行为模式亦影响污染物的室内外交换情况，是影响室内 SVOC 分相浓度的关键输入参数。本课题组的陈淳等人的研究表明，地区间住宅自然通风换气次数的差异可以部分解释不同地区间人体对臭氧及颗粒物的健康效应的差异[45-46]。而Wallace 等人通过研究发现，住户开关窗行为模式是影响住宅自然通风换气次数的最主要因素[47]。Persily 等人利用多区流体网络模型 CONTAM 对美国典型住宅的渗风换气次数进行模拟研究，得出了美国住宅的渗风换气次数的分布情况[48]。然而由于房屋类型存在巨大差异，中国的情况和美国有所不同。顾红跃等人用示踪气体的方法测试了我国夏热冬冷地区 8 户住宅的换气次数[49]。洪燕峰等人也测试了北京地区住宅及办公环境的换气次数[50]。但上述研究测试数据不足，选取房屋类型较少，因而结果也不足以表征换气次数的人群分布情况。不同地区、不同社会经济地位的人群存在不同的开关窗行为模式。Haldi 等人通过实验的方法得出了瑞士办公建筑的开关窗行为模式的统计学预测模型[51]。Nicol 等人也得出了巴基斯坦、英国及欧洲部分地区人群的开关窗行为预测模型[52]。由于人群和气候存在较大差异，这些模型并不适用于中国。陈伟煌通过实验的方法获得了长沙地区的办公建筑中居民的开窗行为预测模型，但是该研究仅针对夏季的单个办公建筑，无法预测其他季节及住宅中的开关窗行为[53]。

1.2.4 总结和评价

综上所述，前人已经针对 SVOC 的室内传输、人体暴露问题开展了部

分研究,增进了对 SVOC 室内传输规律及人体暴露水平的认识,但仍存在
以下问题:

（1）目前尚无综合考虑 SVOC 相间动态分配过程、颗粒物动力学特性
及建筑通风的影响并可用于模拟一般室内环境中 SVOC 分相浓度的
SVOC 相间动态分配模型。

（2）目前尚无从浓度定量计算出发、暴露途径完备的 SVOC 多相、多途
径个体暴露模型,且无对颗粒物在人体表面综合沉降速度的定量研究。

（3）目前尚无针对 SVOC 这一特殊物质的多相、多途径人群暴露分布
模型,且缺乏模型关键输入参数——自然通风换气次数与开关窗行为模式
在我国典型地区分布情况的研究。

1.3　研究内容和技术路线

针对 1.2.4 节总结提出的几个问题,本书拟从以下几个方面开展研究:

（1）建立室内 SVOC 动力学传输模型,可对室内气相、颗粒相、表面相
及降尘相 SVOC 浓度进行模拟。模型基于质量守恒,综合考虑 SVOC 相间
动态分配过程、颗粒物动力学特性及建筑通风的影响,适用于一般室内环境
中 SVOC 分相浓度的计算。

（2）结合室内 SVOC 动力学传输模型及暴露计算模型建立从浓度定
量计算出发的 SVOC 多相、多途径个体暴露模型,该模型考虑的暴露途径
包括对气相、颗粒相 SVOC 的呼吸暴露,对气相、颗粒相 SVOC 的皮肤暴
露及对降尘相 SVOC 的摄入暴露。同时建立模型研究颗粒物在人体表
面的沉降速度,为完善颗粒相 SVOC 皮肤暴露这一暴露途径提供数据
基础。

（3）以 SVOC 多相、多途径个体暴露模型为基础,基于蒙特卡罗方法建
立从浓度定量计算出发的 SVOC 多相、多途径人群暴露分布模型,同时对
模型中的关键参数——自然通风换气次数及开关窗行为模式在我国典型地
区的分布情况进行研究。最后利用 SVOC 多相、多途径人群暴露分布模型
进行案例分析。本书的研究内容及其相互关系如图 1.3 所示。

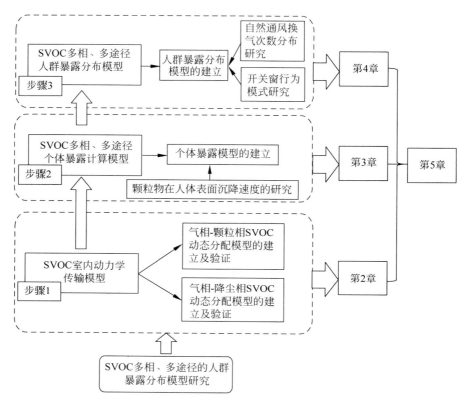

图 1.3 　研究内容及其关系

第 2 章　室内环境中多相 SVOC 动态分配模型的研究

2.1　引　　论

由第 1 章可知,SVOC 在室内环境中可形成包括气相、颗粒相、降尘相、表面相在内的多相存在形式。人体会通过不同途径接触不同相态的 SVOC,造成对 SVOC 的多相、多途径暴露。为了准确评估人体对 SVOC 的多相、多途径暴露,首先要确定室内的分相 SVOC 浓度。

如 1.2.1 节所述,目前尚无较为完备的模型可用来模拟室内环境中的 SVOC 分相浓度。已有的室内 SVOC 分相浓度计算模型或未考虑 SVOC 相间动态分配过程,或未考虑颗粒物动力学特性对室内多相 SVOC 传输的影响,因而不符合实际工况的模拟需求。针对上述问题,本章从以下两方面进行了研究:①建立充分考虑气相-颗粒相动态分配过程及颗粒物动力学特性的室内 SVOC 气相-颗粒相动态分配模型,并利用已有的实验数据验证模型的准确性。该模型可用来模拟实际暴露工况中室内气相、颗粒相 SVOC 分相浓度。②建立充分考虑气相-降尘相动态分配过程及颗粒物动力学特性的室内 SVOC 气相-降尘相动态分配模型,并利用已有的实验数据验证模型的准确性。该模型可用来模拟实际工况中室内气相、降尘相 SVOC 分相浓度。

2.2　SVOC 气相-颗粒相动态分配模型

2.2.1　模型建立

如图 2.1 所示,假设悬浮颗粒物为一规则球体,由不可穿透的内核和内核表面覆盖的有机液层组成。气相 SVOC 和悬浮颗粒物的动态分配过程由气相 SVOC 在悬浮颗粒物表面的对流传质过程和 SVOC 在悬浮颗粒物的有机液层里的扩散过程组成,因而气相和颗粒相 SVOC 达到相间平衡所

需要的平衡时间由气相 SVOC 在颗粒物
表面的对流传质阻力及 SVOC 在悬浮颗
粒物有机液层里的扩散阻力共同确定。根
据 Liu 等人对此过程的理论分析可知,在
一般室内环境中,气相 SVOC 与悬浮颗粒
物的动态分配过程的主要阻力来源为气相
SVOC 在悬浮颗粒物表面的对流传质阻
力,而 SVOC 气体分子在悬浮颗粒物有机
液层里的扩散阻力可以忽略不计[54]。因
此,在气相 SVOC 与悬浮颗粒物的相互作

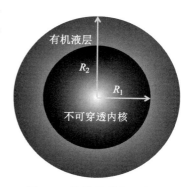

图 2.1　颗粒物的物理模型

用过程中,可以忽略单个悬浮颗粒物的有机液层中 SVOC 的浓度梯度,用
集总参数法来描述悬浮颗粒物中的 SVOC 浓度。

　　悬浮颗粒物、气相和颗粒相 SVOC 由室外进入室内的传输过程如图 2.2
所示。

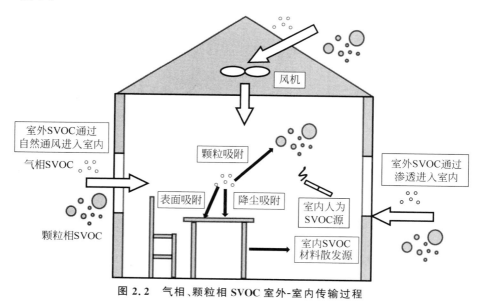

图 2.2　气相、颗粒相 SVOC 室外-室内传输过程

　　室内颗粒物质量受建筑通风、颗粒物沉降及室内颗粒物散发源的影响。
以自然通风建筑为例,可以建立室内环境中颗粒物的质量守恒方程,如
式(2-1)所示:

$$V\left(\frac{\mathrm{d}C_{\mathrm{p}}}{\mathrm{d}t}\right) = P_{\mathrm{p}}Q_{\mathrm{n}}C_{\mathrm{p,o}} - Q_{\mathrm{n}}C_{\mathrm{p}} - v_{\mathrm{d}}C_{\mathrm{p}}A + S_{\mathrm{p}} \tag{2-1}$$

其中，A 为室内颗粒物总沉降面积，单位为 m^2；$C_{\mathrm{p,o}}$ 为室外颗粒物质量浓度，单位为 $\mu\mathrm{g/m}^3$；P_{p} 为颗粒物穿透系数；Q_{n} 为自然通风换气量，单位为 m^3/h；S_{p} 为颗粒物室内源散发强度，单位为 $\mu\mathrm{g/h}$；t 为时间，单位为 h；V 为室内空间总体积，单位为 m^3；v_{d} 为颗粒物室内综合沉降速度，单位为 $\mathrm{m/h}$。室内 SVOC 质量受建筑通风、颗粒相 SVOC 沉降及室内 SVOC 散发源的影响。以自然通风建筑为例，在忽略降尘相 SVOC 的前提下可建立室内环境中 SVOC 的质量守恒方程，如式(2-2)所示：

$$V\frac{\mathrm{d}C_{\mathrm{s}}}{\mathrm{d}t} + V\frac{\mathrm{d}C_{\mathrm{sp}}}{\mathrm{d}t} + A_{\mathrm{sorp}}\frac{\mathrm{d}C_{\mathrm{surf}}}{\mathrm{d}t} = Q_{\mathrm{n}}(C_{\mathrm{s,o}} + P_{\mathrm{p}}C_{\mathrm{sp,o}} - C_{\mathrm{s}} - C_{\mathrm{sp}}) - $$
$$v_{\mathrm{d}}C_{\mathrm{sp}}A + (S_{\mathrm{s}} + S_{\mathrm{sp}}) \tag{2-2}$$

其中，A_{sorp} 为室内 SVOC 吸附表面积，单位为 m^2；$C_{\mathrm{s,o}}$ 为室外气相 SVOC 质量浓度，单位为 $\mu\mathrm{g/m}^3$；$C_{\mathrm{sp,o}}$ 为室外颗粒相 SVOC 质量浓度，单位为 $\mu\mathrm{g/m}^3$；S_{s} 为室内气相 SVOC 源散发强度，单位为 $\mu\mathrm{g/h}$；S_{sp} 为室内颗粒相 SVOC 源散发强度，单位为 $\mu\mathrm{g/h}$。

气相 SVOC 与悬浮颗粒物的相互作用如图 2.3 所示。

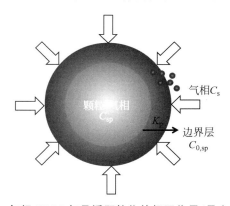

图 2.3　气相 SVOC 与悬浮颗粒物的相互作用（见文前彩图）

颗粒物表面包裹有浓度边界层，紧邻颗粒物表面的边界层处气相 SVOC 浓度为 $C_{0,\mathrm{sp}}(\mu\mathrm{g/m}^3)$，$C_{0,\mathrm{sp}}$ 与 C_{sp} 满足以下线性关系：

$$\frac{C_{\mathrm{sp}}/C_{\mathrm{p}}}{C_{0,\mathrm{sp}}} = K_{\mathrm{p}} \tag{2-3}$$

其中，K_{p} 描述了平衡状态下 SVOC 在颗粒物中浓度（$\mu\mathrm{g}$ SVOC/$\mu\mathrm{g}$ 颗粒

物)和颗粒物表面边界层中气相浓度(μg SVOC/m³ 空气)的比值。该参数
与物质、温度等因素有关。K_p 还可用下式进行描述[1]：

$$K_p = \frac{K_{oa} f_{om}}{\rho_p} \tag{2-4}$$

其中，K_{oa} 为 SVOC 的辛醇-空气分配系数；f_{om} 为颗粒物中有机液层所占
体积百分数(%)；ρ_p 为悬浮颗粒物密度，单位为 μg/m³。

气相 SVOC 和悬浮颗粒物进行动态分配时，SVOC 在颗粒物上的质量
变化来源是其通过颗粒物表面边界层的对流传质量。除了气相 SVOC 和
悬浮颗粒物的动态分配之外，室内颗粒相 SVOC 的质量浓度还受到建筑通
风和颗粒相 SVOC 沉降的影响。综合以上影响因素，室内颗粒相 SVOC 的
质量守恒关系如下式所示：

$$V \frac{dC_{sp}}{dt} = V N_{pn} A_p h_{mp} (C_s - C_{0,sp}) + Q_n (C_{sp,o} P_p - C_{sp}) - v_d A C_{sp} + S_{sp} \tag{2-5}$$

其中，A_p 为单个颗粒物表面积，单位为 m²；h_{mp} 为悬浮颗粒物表面对流传
质系数，单位为 m/h；N_{pn} 为室内颗粒物个数浓度，单位为 m⁻³。为了方便
对方程组的求解，对式(2-5)进行如下转换：

$$\frac{d(C_{sp}/C_p)}{dt} = \frac{A_{sp} h_{mp}}{\rho_p} (C_s - C_{0,sp}) + \frac{(C_{sp,o} P_p - C_{s,p}) \cdot Q_n}{C_p \cdot V} -$$
$$\frac{v_d A}{V} \frac{C_{sp}}{C_p} + \frac{S_{sp}}{V C_p} - \frac{C_{sp}}{C_p^2} \frac{dC_p}{dt} \tag{2-6}$$

其中，A_{sp} 为单个颗粒物的比表面积，单位为 m⁻¹。

气相 SVOC 和吸附表面(如墙壁、家具表面等)的动态分配过程可用下
式表示[29]：

$$\frac{dC_{surf}}{dt} = h_m \left(C_s - \frac{C_{surf}}{K_{surf}} \right) \tag{2-7}$$

其中，h_m 为吸附表面对流传质系数，单位为 m/h。因此，室内环境中气相-
颗粒相 SVOC 动态分配过程可用式(2-1)~式(2-4)、式(2-6)、式(2-7)描
述，联立方程组可对室内环境中气相、颗粒相 SVOC 逐时浓度进行求解。

为证明所建模型的准确性，本节将运用所建模型对已有文献中实测工
况下气相及颗粒相 SVOC 浓度进行模拟，并将模拟结果与实验结果进行对
比。为进一步说明所建模型与线性瞬态平衡模型的区别，线性瞬态平衡模型
将用来模拟同一实验工况下气相、颗粒相 SVOC 分相浓度，并将模拟结果与

动态分配模型模拟结果和实验结果进行对比。在线性瞬态平衡模型中，室内颗粒相、气相 SVOC 分相浓度之间呈线性关系，可用下式描述[25]：

$$C_{sp}/C_p = K_p C_s \tag{2-8}$$

同样地，室内表面相、气相 SVOC 分相浓度间的关系也可用线性关系来描述[25]：

$$C_{surf} = K_{surf} C_s \tag{2-9}$$

联立式(2-1)、式(2-2)、式(2-8)、式(2-9)，即可利用线性瞬态平衡模型对室内环境中气相、颗粒相 SVOC 逐时浓度进行求解。

2.2.2　模型验证

连续逐时监测室内环境中的 SVOC 分相浓度十分困难，需要响应快、灵敏度高的实验手段对分相 SVOC 浓度进行精确测量，只有少数学者针对此进行了实验研究。本节采用 Kamens 等人在环境实验舱中进行的气相及颗粒相芘(pyrene)浓度实测研究[55]来验证 2.2.1 节建立的 SVOC 气相-颗粒相动态分配模型。

北卡罗来纳州立大学的 Kamens 等人在一个 190m³ 的特氟龙实验舱中对重氢标记的芘(pyrene-d10)的气相-颗粒相动态分配过程进行了实验监测[55]。实验在晚间进行，首先向实验舱中注入气化的 pyrene-d10，两小时后，向实验舱中注入由奔驰 200D(1967)引擎产生的柴油机废气，注入过程持续 5 min。注入废气后，实验舱中悬浮颗粒物的浓度上升至 0.707～0.929 mg/m³。随后实验人员对实验舱中气相及颗粒相 pyrene-d10 的浓度展开连续监测，可分别获得气相及颗粒相 pyrene-d10 浓度随时间变化的曲线，实验过程中实验舱内无颗粒物及 pyrene-d10 散发源，实验期间实验舱内平均温度为 23℃。该实验所得浓度曲线被直接用来验证所建立的 SVOC 气相-颗粒相动态分配模型。

利用 SVOC 气相-颗粒相动态分配模型对实验工况进行模拟，首先需要对模型中的输入参数进行确定。除了实验工况中已经明确提供的参数(实验舱中悬浮颗粒物综合沉降率 $D_p = v_d \cdot A/V$、h_{mp}、Q_n 及污染物初始浓度)以外，h_m，K_p 和 K_{surf} 是影响气相-颗粒相 SVOC 相间动态分配过程的重要参数，需要一一进行确定。

(1) 吸附表面对流传质系数(h_m)的确定

在本书的研究中，h_m 由 Axley 建立的室内环境中不同表面对流传质系数与雷诺数(Re)和施密特数(Sc)的关系式来确定[56]。在一般室内环境中，设定空气流速为 0.15 m/s。据此计算得到的 h_m 为 4.54×10^{-4} m/s(1.63 m/h)。

（2）SVOC 颗粒相-气相分配系数（K_p）的确定

已有的实验研究发现 PAHs 的 K_p 的对数值和相应物质在相应工况下的饱和蒸气压（V_p，Pa）的对数值成反比关系[57]：

$$\lg K_p = -0.86 \lg V_p - 4.67 \qquad (2\text{-}10)$$

实验中所涉及的 pyrene-d10 是 PAHs 的一种，故利用该式来计算其 K_p 值。pyrene-d10 在实验工况下的 V_p 可以利用在线计算软件 SPARC On-Line Calculator 计算获得。

（3）SVOC 表面相-气相分配系数（K_{surf}）的确定

在实验初期向实验舱注入柴油机废气之前，实验舱中的颗粒物背景浓度极低，在此情况下气相 pyrene-d10 与悬浮颗粒物间的动态分配对气相 pyrene-d10 浓度的影响可忽略不计。因此，可以依据此过程中气相 pyrene-d10 的浓度衰减曲线来确定 pyrene-d10 在实验舱特氟龙表面的 K_{surf}，为 0.43 m。

确定了实验工况对应的输入参数之后，可以利用所建立的 SVOC 气相-颗粒相动态分配模型和已有的线性瞬态平衡模型分别对实验工况下悬浮颗粒物、气相及颗粒相 pyrene-d10 的浓度变化曲线进行模拟。两个模型均采用三阶龙格-库塔方法进行求解，求解在 Matlab R2010a 中完成，并将模拟结果与实测值进行对比，结果如图 2.4 所示。

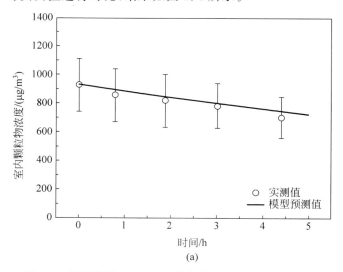

(a)

图 2.4　模型模拟 pyrene-d10 分相浓度与实验结果的对比

（a）室内颗粒物浓度；（b）室内气相 pyrene-d10 浓度；（c）室内颗粒相 pyrene-d10 浓度

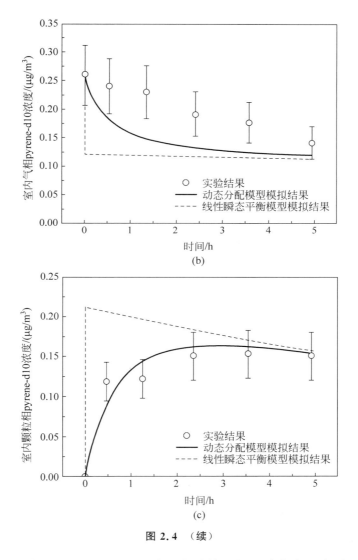

图 2.4　（续）

图 2.4 中所绘实验结果误差线为实验结果的不确定度。由图 2.4 可以看出,实线所代表的 SVOC 气相-颗粒相动态分配模型模拟值与实测值吻合良好。所建模型很好地模拟出了气相、颗粒相 pyrene-d10 浓度随时间的变化趋势。在柴油机废气引进实验舱后,动态分配模型模拟出了颗粒相 pyrene-d10 浓度逐渐上升和气相 pyrene-d10 浓度逐渐下降的过程。针对气相 pyrene-d10 浓度,动态分配模型模拟结果略低于实测值,这可能是由

于模型所用 K_p 和 K_{surf} 的值与实验工况下实际值存在差异。K_p 和 K_{surf} 均为物质的物理化学参数,不同方式确定的 K_p 和 K_{surf} 存在较大的不确定性,目前科学界尚未得出较为统一的确定方式。若提高 K_p 和 K_{surf} 的精度,可进一步有效提高模型的准确性。

由图 2.4 可以看出,虚线所代表的线性瞬态平衡模型模拟值与实验值存在较大差异。当向实验舱注入柴油机废气后,气相 pyrene-d10 浓度模拟值骤降,而颗粒相 pyrene-d10 浓度模拟值骤升,这一变化趋势与实测浓度变化趋势差别较大。主要是因为在线性瞬态平衡模型中,认为气相 SVOC 与悬浮颗粒物之间的分配平衡状态是瞬间达到的。柴油机废气裹挟着悬浮颗粒物被注入到实验舱中之后,颗粒物吸附气相 pyrene-d10,并和气相 pyrene-d10 瞬间达到平衡状态。从而导致了线性瞬态平衡模型模拟结果中出现气相 pyrene-d10 浓度的骤降和颗粒相 pyrene-d10 浓度的骤升。

通过对比模型模拟结果和实测结果可以发现,SVOC 气相-颗粒相动态分配模型能够较好地模拟气相 SVOC 与悬浮颗粒物之间的动态分配过程,模型具有较好的准确性和可靠性,可用来模拟实际工况下室内环境中 SVOC 的气相、颗粒相分相浓度。

2.2.3　模型对比

为了进一步说明在模拟实际工况时 SVOC 气相-颗粒相动态分配模型和线性瞬态平衡模型的区别,本节分别利用 SVOC 气相-颗粒相动态分配模型和线性瞬态平衡模型对北京市一典型民居内的气相及颗粒相 SVOC 浓度进行模拟,并加以比较。该对比选取了美国环保局所列的 16 种需要优先控制的 PAHs 作为目标 SVOC,包括萘(naphthalene,Nap)、苊烯(acenaphthylene,Acy)、苊(acenaphthene,Ace)、芴(fluorene,Fluo)、菲(phenanthrene,Phe)、蒽(anthracene,Ant)、荧蒽(fluoranthene,Flu)、芘(pyrene,Pyr)、䓛(chrysene,Chry)、苯并[a]蒽(benzo[a]anthracene,BaA)、苯并[b]荧蒽(benzo[b]fluoranthene,BbF)、苯并[k]荧蒽(benzo[k]fluoranthene,BkF)、苯并[a]芘(benzo[a]pyrene,BaP)、二苯并[a,h]蒽(dibenzo[a,h]anthracene,DBA)、茚并(1,2,3-cd)芘(indeno[1,2,3-c,d]pyrene,IP)及苯并二萘嵌(benzo[g,h,i]perylene,BghiP)。

2.2.3.1　计算工况

模型对比以北京市一个三口之家居住的典型住宅为研究目标。根据北

京市统计局 2010 年对北京市城镇居民人均住房面积的统计结果[58],典型
的三口之家住宅的面积设定为 65 m²。根据民用建筑热工设计规范,住宅
层高设定为 2.8 m[59]。住宅中,可吸附 SVOC 的表面包括家具表面、墙壁
和窗户的玻璃表面。根据民用建筑热工设计规范中的窗墙比范围[59],典型
住宅的窗户总面积设定为 8 m²。根据 Yao 对北京市住宅中家具面积的承
载率的调研结果,一般住宅内的家具面积承载率约为 0.6 m⁻¹[60],据此,典
型住宅中 PAHs 的吸附家具面积设定为 109.2 m²。

　　北京市住宅大部分以自然通风为主要通风形式。换气次数(air
exchange rate,AER)是考量室内环境通风量的一个重要参数,定义为单位
时间内通风量和室内环境空间体积的比值。在春季和秋季,设定开窗所形
成的自然通风为住宅唯一的通风形式,AER 为 5 h⁻¹。在冬季和夏季,考虑
到暖气和空调的使用情况,设定透过住宅渗透面积的渗风为住宅唯一的通
风形式,AER 为 0.23 h⁻¹[61]。室内温度(t_{in})设定为 25℃,室内 PAHs 分相
浓度初始值设置为 0。利用 SVOC 气相-颗粒相动态分配模型和线性瞬态
平衡模型对室内环境中 PAHs 的气相、颗粒相分相浓度进行计算。为充分
了解两个模型在模拟一般室内环境中 SVOC 气相、颗粒相浓度时存在的差
异,模拟长度为 730 天(两年)。

2.2.3.2　输入参数的确定

　　本节继续使用 2.2.2 节所运用的 h_m 及 K_p 的确定方法。其他输入参
数需要根据计算工况进行一一确定,具体方法如下。

　　(1) 颗粒物相关参数

　　在模拟过程中,总悬浮颗粒物被分成了 3 个粒径范围,包括 PM$_{2.5}$(空气
动力学直径小于 2.5 μm),PM$_{2.5-10}$(空气动力学直径在 2.5～10 μm)和
PM$_{10-30}$(空气动力学直径在 10～30 μm)。根据许钟麟的研究,可以获得北
京市室外环境中上述粒径分段中悬浮颗粒物的质量分布[62]。目标粒径分
段中颗粒物的 P_p 和 v_d 根据 Chen 等人的综述研究进行确定[63]。上述参数
的具体取值见表 2.1。颗粒物的 ρ_p 和 f_{om} 分别被设定为 1.5×10^{12} μg/m³
和 30%[64]。北京市室外各目标粒径分段中悬浮颗粒物浓度可由北京市环
境保护监测中心发布的室外 PM$_{10}$ 浓度检测值及颗粒物浓度粒径分布进行确
定。在模拟时,室外悬浮颗粒物浓度按季节平均值进行输入。根据北京市的
季节特点及供暖时间,11 月 16 日—3 月 15 日被设定为冬季,3 月 16 日—5 月
15 日被设定为春季,5 月 16 日—9 月 15 日被设定为夏季,9 月 16 日—11 月

15 日被设定为秋季。

表 2.1　颗粒物相关参数

粒径范围/μm	质量分数/%	穿透系数 P_p	室内综合沉降速度 v_d/(m/h)
0~2.5	9	0.8	1.10×10^{-1}
2.5~10	63	0.3	4.90×10^{0}
10~30	28	0	4.28×10^{1}

（2）悬浮颗粒物表面对流传质系数（h_{mp}）

Li 和 Davis 证明了 Fuchs 和 Sutugin 提出的用来预测微米级水滴蒸发的经验公式与邻苯二甲酸二丁酯（dibutyl phthalate，DBP）液滴蒸发的实验结果在较大的克努森数（Kn）范围内吻合良好[65]。此经验公式被用来估算气相 SVOC 在一般室内环境中的 h_{mp}，如下式所示：

$$h_{mp}=\frac{2D_a}{d_p}\frac{1+Kn}{1+1.71Kn+1.333Kn^2} \tag{2-11}$$

Kn 可用下式进行计算：

$$Kn=\frac{2\lambda}{d_p}, \quad \lambda=3\frac{D_a}{c}, \quad c=\sqrt{\frac{8RT_{in}}{\pi M}} \tag{2-12}$$

其中，d_p 是颗粒物直径，单位为 μm；λ 为分子平均自由程，单位为 μm；D_a 是 SVOC 在空气中的扩散系数，单位为 m^2/s；c 是 SVOC 的平均分子速度，单位为 m/s；R 是气体常数，单位为 J/(mol·K)；T_{in} 是室内温度，单位为 K；M 是 SVOC 的分子质量，单位为 kg/mol。D_a 可以利用在线计算软件 SPARC On-Line Calculator 计算获得。计算得到的 16 种目标 PAHs 在各粒径段颗粒物表面的对流传质系数见表 2.2。

表 2.2　目标 PAHs 在各粒径段颗粒物表面的对流传质系数

h_{mp}/(m/h)	粒径范围/μm		
	0~2.5	2.5~10	10~30
Nap	9.43	2.05	0.65
Acy	8.56	1.86	0.59
Fluo	7.84	1.70	0.54
Ace	8.27	1.80	0.57
Phe	7.50	1.62	0.51
Ant	7.54	1.63	0.52
Flu	6.51	1.40	0.44

续表

$h_{mp}/(m/h)$	粒径范围/μm		
	0~2.5	2.5~10	10~30
Pyr	6.85	1.48	0.47
BaA	6.29	1.35	0.43
Chry	6.26	1.35	0.43
BbF	5.65	1.21	0.38
BkF	5.68	1.22	0.39
BaP	5.91	1.27	0.40
IP	5.39	1.15	0.37
DBA	5.36	1.15	0.36
BghiP	5.60	1.20	0.38

（3）SVOC 表面相-气相分配系数（K_{surf}）

Xu 等人给出了 SVOC 对包括墙壁、家具表面在内的一般吸附表面的 K_{surf} 的对数值和相应物质 V_p 的对数值的线性关系，如下式所示[29]：

$$\lg K_{surf} = -0.779 \lg V_p - 1.93 \qquad (2\text{-}13)$$

可用该公式来计算目标 PAHs 的 K_{surf}。

SVOC 玻璃表面相-气相分配系数（K_g,m）等于 SVOC 玻璃表面-水溶液分配系数（K_{gw},m）和 SVOC 水溶液-空气分配系数（K_{wa}）之积：

$$K_g = K_{gw} K_{wa} \qquad (2\text{-}14)$$

目标 PAHs 的 K_{gw} 可以通过其与溶解度的关系式计算获得[66]。目标 PAHs 在计算工况下的溶解度及 K_{wa} 可以利用在线计算软件 SPARC On-Line Calculator 获得。计算所得的分配系数见表 2.3。

表 2.3　目标 PAHs 在计算工况下的分配系数

物质	$K_p/(m^3 \cdot \mu g^{-1})$	K_{oa}	K_g/m	K_{surf}/m
Nap	1.63×10^{-6}	8.12×10^{6}	5.71×10^{-6}	1.14×10^{-3}
Acy	1.55×10^{-5}	7.77×10^{7}	7.46×10^{-5}	8.80×10^{-3}
Fluo	3.45×10^{-5}	1.73×10^{8}	1.67×10^{-4}	1.81×10^{-2}
Ace	6.39×10^{-5}	3.20×10^{8}	3.59×10^{-4}	3.17×10^{-2}
Phe	1.58×10^{-4}	7.90×10^{8}	9.21×10^{-4}	7.19×10^{-2}
Ant	1.63×10^{-4}	8.16×10^{8}	9.10×10^{-4}	7.41×10^{-2}
Flu	1.36×10^{-3}	6.81×10^{9}	1.05×10^{-2}	5.06×10^{-1}

物质	$K_p/(m^3 \cdot \mu g^{-1})$	K_{oa}	K_g/m	K_{surf}/m
Pyr	2.08×10^{-3}	1.04×10^{10}	1.66×10^{-2}	7.43×10^{-1}
BaA	2.17×10^{-2}	1.08×10^{11}	2.29×10^{-1}	6.21
Chry	2.33×10^{-2}	1.17×10^{11}	2.29×10^{-1}	6.63
BbF	1.89×10^{-1}	9.42×10^{11}	2.49	4.40×10^{1}
BkF	2.00×10^{-1}	1.00×10^{12}	2.64	4.65×10^{1}
BaP	3.41×10^{-1}	1.71×10^{12}	4.89	7.54×10^{1}
IP	2.63	1.32×10^{13}	4.96×10^{1}	4.79×10^{2}
DBA	2.90	1.45×10^{13}	4.90×10^{1}	5.24×10^{2}
BghiP	3.77	1.88×10^{13}	7.16×10^{1}	6.63×10^{2}

（4）PAHs 大气浓度

Zhou 和 Zhao 对关于北京市大气环境中 PAHs 浓度的实测研究进行了总结整理，据此获得了北京市大气环境中 PAHs 气载相浓度 $C_{airborne,o}$（$\mu g/m^3$，室外气相及颗粒相 SVOC 浓度之和）的季节平均值[67]。假设在大气环境中，气相和颗粒相 PAHs 浓度间达到平衡状态。各季节的 PAHs 室外颗粒相-气相分配系数（$K_{p,o}$）由各季节室外平均温度来确定[68]。因此，大气环境中 PAHs 的 $C_{s,o}$ 和 $C_{sp,o}$ 的各季节平均值可以用下式计算获得：

$$\begin{cases} C_{s,o} = \dfrac{1}{1+K_{p,o}C_{p,o}}C_{airborne,o} \\ C_{sp,o} = \dfrac{K_{p,o}C_{p,o}}{1+K_{p,o}C_{p,o}}C_{airborne,o} \end{cases} \tag{2-15}$$

值得注意的是，室外颗粒相 PAHs 的粒径分布和室外悬浮颗粒物的粒径分布不尽相同。许多实测结果都表明大气环境中 PAHs 主要附着于粒径小于 2.5 μm 的小颗粒上[69-70]。因此在本书的研究中作为简化，认为大气环境中颗粒相 PAHs 全部附着在 $PM_{2.5}$ 上。

2.2.3.3　结果分析

对方程组的数值求解采用三阶龙格-库塔方法在 Matlab R2010a 进行。在本节中，模拟所得日均浓度的相对差异的平均值被用来描述两个模型计算结果的差异大小，如下式所示：

$$\varepsilon = \dfrac{\sum\limits_{day=1}^{730}\left|\dfrac{C_1 - C_k}{C_k}\right|}{730} \tag{2-16}$$

其中,ε 为两个模型计算结果的相对差异,下标"l"表示线性瞬态平衡模型浓度计算结果,下标"k"表示气相-颗粒相动态分配模型浓度计算结果。计算工况下 PAHs 室内分相浓度对应的 ε 值如图 2.5 所示。

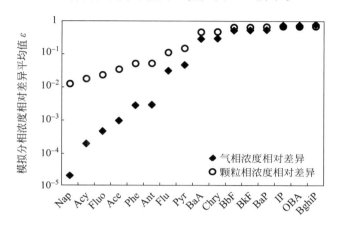

图 2.5　计算工况下 PAHs 室内分相浓度对应的 ε 值

对于 K_p 较小的 PAHs(Nap,Acy,Fluo,Ace,Phe,Ant),两种模型模拟所得的 C_s 与 C_{sp} 均差异较小,其对应 ε 值的量级在 10^{-1} 以下。根据 Weschler 和 Nazaroff 的研究结果,对于分配系数较小的 SVOC,其气相和悬浮颗粒物的分配过程处于快速反应区[1]。在此情况下,气相 SVOC 和悬浮颗粒物相互作用达到平衡所需时间的量级以秒计算,可以忽略不计,因而两个模型模拟得出的浓度的相对差异较小。

对于 K_p 较大的 PAHs(Flu,Pyr,BaA,Chry,BbF,BkF,BaP,IP,DBA,BghiP),两种模型模拟所得的 C_s 和 C_{sp} 存在较大差异,对应 ε 值的量级均大于 10^{-1}。比如,对于 BbF,其 C_s 对应的 ε 值为 5.24×10^{-1},其 C_{sp} 对应的 ε 值为 6.53×10^{-1}。对于 BaP,其 C_s 对应的 ε 值为 5.48×10^{-1},其 C_{sp} 所对应的 ε 值为 6.77×10^{-1}。值得注意的是,BbF 和 BaP 分别被 IARC 定级为可能对人体致癌及对人体致癌的物质[71]。对这类 SVOC 分相浓度的错误估计会得出错误的分相、分途径暴露量,从而影响对这一类物质所造成的人体健康危害的准确估计。区别于线性瞬态平衡模型,动态分配模型考虑了气相-颗粒相的相间动态分配过程和室外 SVOC 相间分配状态对室内 SVOC 的相间分配的影响。对 K_p 较大的 SVOC 而言,气相 SVOC 向悬浮颗粒物的传质最终达到室内环境所对应的相间平衡状态是需要花费时间的,而不是瞬间达到的。在线性瞬态平衡模型中,当 C_p 一定时,室内气相-颗粒相 SVOC 的相间分配由室内环境对应的 K_p 决定,是唯一的状态,与室外 SVOC 的相间分配状态无关。而对于气相-颗粒相动态分配模型,在建筑通风的作用下,室外的 SVOC 会进入室内环境。由于温度的不同及气相 SVOC 和悬浮颗粒物相互作用时间的差别,一般情况下,室外 SVOC 的相间分配状态与室内环境中 SVOC 的相间分配状态不同。当室外 SVOC 的颗粒相-气相分配比例高于室内时,引入室外 SVOC 会提高室内 SVOC 的颗粒相-气相分配比例。反之,当室外 SVOC 的颗粒相-气相分配比例低于室内时,引入室外 SVOC 会降低室内 SVOC 的颗粒相-气相分配比例。因此,在气相-颗粒相动态分配模型中,SVOC 的气相-颗粒相相间分配状态是变化的。对这类 SVOC 而言,当不考虑相间分配过程及通风和颗粒物动力学特性的影响(线性瞬态平衡模型)时,模拟得到的结果会与动态分配模型的模拟结果存在较大差异。

计算工况下 PAHs 的室内气载相浓度($C_{airborne}$)对应的 ε 值如图 2.6 所示。

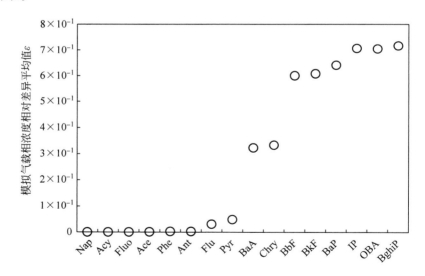

图 2.6　计算工况下 PAHs 室内气载相浓度对应的 ε 值

从图 2.6 可以看出,总体而言,两种模型模拟所得的 16 种 PAHs 的 $C_{airborne}$ 对应的 ε 值随着物质的 K_p 的增大而增大,最小值为 Nap 所对应的 1.92×10^{-5},最大值为 BghiP 所对应的 7.17×10^{-1}。室内气载相 PAHs 的

总质量受以下因素影响：通风引入的室外气载相 PAHs、吸附在墙壁上而被去除的气相 SVOC、沉降在地面上而被去除的颗粒相 PAHs、通风排出的气载相 PAHs。对于 K_p 较小的 PAHs，气相 PAHs 与悬浮颗粒物及吸附表面相互作用并达到平衡状态都是瞬间完成的，两种模型模拟所得的 C_{sp}，C_s 和 C_{surf} 差别不大，因此 $C_{airborne}$ 对应的 ε 值可以忽略。对于 K_p 较大的 PAHs，气相 PAHs 与悬浮颗粒物及吸附表面相互作用并达到平衡状态是需要作用时间的。直接采用线性瞬态平衡模型会导致模拟得到的 C_{sp}，C_s 和 C_{surf} 与 SVOC 气相-颗粒相动态分配模型模拟结果存在较大差异，从而导致 $C_{airborne}$ 对应的 ε 值较大。

在计算过程中，室外 PAHs 分相浓度使用季节平均值，这与实际情况存在较大的差异。室外 PAHs 浓度由于气相条件、排放情况的不同，时刻都在发生着变化。因此，为了进一步评估两种模型在模拟室内 SVOC 分相浓度时存在的差异，本节进一步使用室外 PAHs 浓度的日均值进行模拟计算。目前尚无室外 PAHs 浓度日均值的实测结果，此处简单假设室外 PAHs 浓度在一个季节内按照正弦函数进行变化，室外 PAHs 浓度季节平均值与上文保持一致。基于室外 PAHs 浓度日均值和季节平均值计算所得的 C_s，C_{sp} 及 $C_{airborne}$ 对应的 ε 值如图 2.7 所示。

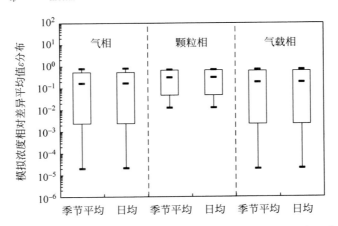

图 2.7　基于室外 PAHs 浓度日均值和季节平均值模拟所得的 ε 分布

从图 2.7 可以看出，基于 PAHs 室外浓度日均值和季节平均值的 16 种目标污染物的 C_s，C_{sp} 和 $C_{airborne}$ 所对应 ε 值的分布基本相同。对于 K_p 较大的 PAHs，基于 PAHs 室外浓度日均值的两模型模拟结果间的差异依然明显。

2.3　SVOC 气相-降尘相动态分配模型

2.3.1　模型建立

摄入附着有 SVOC 的降尘而导致的暴露是人体对部分 SVOC 污染的一个重要暴露途径。Xu 等人基于美国的人群暴露参数,通过模拟得到了某特定工况下成年人和儿童通过呼吸、皮肤接触及摄入降尘所导致的 DEHP 暴露量,发现摄入附着有 DEHP 的室内降尘对成年人和儿童都是最主要的暴露途径[72]。Menzie 等人通过研究发现,人体由于摄入降尘引起的对有致癌效应的 PAHs 的暴露量与人体对该类物质的呼吸暴露量相当[73]。此外,Wormuth 等人指出,对于部分 PAEs,人体由于误食降尘导致的暴露量是总暴露的重要组成部分[74]。因此,需要进一步建立气相-降尘相 SVOC 相间动态分配模型,对室内降尘相 SVOC 浓度进行模拟,以更准确地评估人体对 SVOC 污染的暴露水平。

在 2.2 节建立的 SVOC 气相-颗粒相动态分配模型中,SVOC 室内动力学传输体系包括悬浮颗粒物、气相 SVOC、颗粒相 SVOC 和表面相 SVOC。为了评估降尘相 SVOC 浓度,需要在此基础上将降尘和降尘相 SVOC 纳入室内 SVOC 传输体系,进行建模。

气相 SVOC 和降尘的动态分配过程如图 2.8 所示,假设降尘为规则球体,均匀落在室内表面上,降尘表面包裹有一层浓度边界层,气相 SVOC 和降尘进行动态分配时,SVOC 在降尘上的质量变化量来源于其通过降尘表

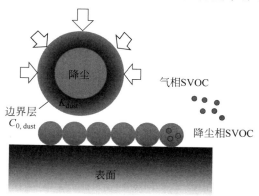

图 2.8　气相 SVOC 与降尘的相互作用

面边界层的对流传质量。除了气相 SVOC 和降尘的动态分配之外,室内降尘相 SVOC 的质量还受到颗粒相 SVOC 沉降和降尘相 SVOC 再悬浮的影响。综合以上影响,室内降尘相 SVOC 的质量守恒可用下式表示:

$$\frac{d(M_D X_{dust})}{dt} = h_{md} A_d N_{dn}\left(C_s - \frac{X_{dust}}{K_{dust}}\right) + v_{d,f} C_{sp} - R_p M_D X_{dust} \quad (2\text{-}17)$$

其中,M_D 为室内积尘量,单位为 $\mu g/m^2$;h_{md} 为 SVOC 在降尘表面的对流传质系数,单位为 m/h;A_d 为单个降尘表面积,单位为 m^2;N_{dn} 为室内地板表面降尘个数浓度,单位为 m^{-2};K_{dust} 为 SVOC 降尘相-气相分配系数,单位为 $m^3/\mu g$;$v_{d,f}$ 是颗粒物在地板表面的沉降速度,单位为 m/h;R_p 为颗粒物再悬浮速率,单位为 h^{-1}。对于室内颗粒相 SVOC,需要考虑降尘相 SVOC 再悬浮对其质量的影响,因此室内颗粒相 SVOC 质量守恒方程应从式(2-5)改写为下式:

$$V\frac{dC_{sp}}{dt} = Q_n(P_p C_{sp,o} - C_{sp}) + V h_{mp} A_{pn} N_{pn}(C_s - C_{0,sp}) +$$
$$R_p A_f M_D X_{dust} + S_{sp} - v_d A C_{sp} \quad (2\text{-}18)$$

此时,室内气相 SVOC 的质量守恒如下式所示:

$$V\frac{dC_s}{dt} = Q_n(C_{s,o} - C_s) - V N_{pn} h_{mp} A_{pn}(C_s - C_{0,sp}) - A_{sorp} h_m\left(C_s - \frac{C_{surf}}{K_{surf}}\right) -$$
$$A_f N_{dn} h_{md} A_{dn}\left(C_s - \frac{X_{dust}}{K_{dust}}\right) + S_s \quad (2\text{-}19)$$

其中,A_f 为地板面积,单位为 m^2。此外,室内 SVOC 传输体系还包含了室内降尘,因此,还应建立室内降尘的质量守恒方程。对室内降尘浓度进行计算,如下式所示:

$$\frac{dM_D}{dt} = v_{d,f} C_p - R_p M_D \quad (2\text{-}20)$$

式(2-20)右边第一项代表颗粒物沉降对表面降尘量的影响,第二项代表降尘再悬浮对表面降尘量的影响。考虑降尘再悬浮对室内悬浮颗粒物质量的影响,室内悬浮颗粒物质量守恒方程如下式所示:

$$V\frac{dC_p}{dt} = Q_n(P_p C_{p,o} - C_p) - v_d A C_p + R_p M_D A_f + S_p \quad (2\text{-}21)$$

室内表面相 SVOC 的质量守恒方程仍可用式(2-7)表示。联立式(2-7)和式(2-17)~式(2-21)即为所建立的 SVOC 气相-降尘相动态分配模型。模型充分考虑了 SVOC 相间动态分配过程、通风及颗粒物动力学特性对降尘相 SVOC 浓度的影响,物理意义更为明确,也更为贴近实际暴露环境,可对室内环境中的悬浮颗粒物、降尘、气相 SVOC、颗粒相 SVOC、表面相 SVOC 及降尘相 SVOC 的浓度进行模拟。

2.3.2　模型验证和模型对比

为了验证新建模型的准确性，本书搜集了一般室内环境中针对 X_{dust} 的实测研究，利用新建模型模拟测试工况下的室内 X_{dust}，并与实测浓度进行对比。同时，为了进一步说明本模型与线性瞬态平衡模型的差异，本节同样利用线性瞬态平衡模型模拟了测试工况下的 X_{dust}，计算方法如式（1-3）所示，并将模拟结果与动态分配模型模拟结果和实测值进行对比。

2.3.2.1　实验数据的搜集

在针对室内环境中 X_{dust} 的实验研究中，有的同时测量了室内环境中的 $C_{airborne}$ 和 X_{dust} [75-79]，有的同时测量了室内环境中的 C_{sp} 和 X_{dust} [80]，有的同时测量了室内环境中的 C_s 和 X_{dust} [81-90]。要利用 SVOC 气相-降尘相动态分配模型对测试工况下的 X_{dust} 进行模拟，根据式（2-17），需要确定 C_s，C_{sp}，M_D 及颗粒物的相关物理参数。在确定了颗粒物动力学参数和 $C_{p,o}$，S_p 之后，室内环境中的 C_p 和 M_D 可以根据式（2-20）和式（2-21）模拟得出。对于每个测试，测试工况下的 $C_{p,o}$ 和颗粒物动力学参数可以通过已有的文献和参考资料进行确定，确定方法将在下文进行介绍。在缺乏测试工况的详细信息的情况下，确定各个实验环境中的 S_p 十分困难。因此，在本节中室内颗粒物源强度被设置为 0。下文的"敏感性分析"一节对不同 $C_{p,o}$ 对 X_{dust} 模拟结果的影响进行了分析。而室内颗粒物散发源可以表示为等效的室外颗粒物浓度（$C_{p,o(eqv)}$），如下式所示：

$$C_{p,o(eqv)} = \frac{S_p}{Q_n/V \cdot P_p} \qquad (2-22)$$

因此，对 $C_{p,o}$ 敏感性分析的结果可以在一定程度上反映不同 S_p 对 X_{dust} 模拟结果的影响。

关于模拟 X_{dust} 所需要的 C_s 和 C_{sp}，用于模型验证的实验研究并没有同时对 C_s 和 C_{sp} 进行测量，提供的实验信息也不足以对 C_s 和 C_{sp} 进行模拟。因此，需要基于一定假设对 SVOC 气相-降尘相动态分配模型进行简化，以对实测工况下的 X_{dust} 进行模拟研究。假设一：$C_{sp,o}$ 为 0。绝大多数用于模型验证的实验研究针对的 SVOC 为产品添加剂，包括增塑剂、阻燃剂等。已有研究指出，室内环境中增塑剂和阻燃剂的 $C_{airborne}$ 要远高于室外[88,90]，基于此，假设 $C_{sp,o}$ 对 C_{sp} 的影响可以忽略不计，即 $C_{sp,o}$ 为 0。假设二：S_{sp} 为 0。对于被用作产品添加剂的 SVOC，其在室内主要以气相形式从材料中逸散出来，在此情况下可忽略污染源的颗粒相 SVOC 散发，即 S_{sp} 为 0。基于以上假设，结合 C_s 实测值，C_p，M_D，C_{sp} 和 X_{dust} 可以通过式(2-17)～式(2-18)、式(2-20)～式(2-21)模拟获得。

　　11 个在室内环境中同时测量 C_s 和 X_{dust} 的研究被收集用来验证 SVOC 气相-降尘相动态分配模型。这些研究的实验对象为住宅或者学校，地点分布在亚洲、北美洲、欧洲和大洋洲的 7 个城市，实验结果包括了 38 种室内常见 SVOC 的 60 组 C_s 和 X_{dust} 实验数据，所收集的实验数据和对应参考文献见表 2.4。同时测量室内 $C_{airbone}$ 和 X_{dust} 的实验没有纳入用于验证模型的数据库中，因为在动态分配的前提下，无法仅根据 $C_{airborne}$ 准确区分 C_s 和 C_{sp}，因而无法对 X_{dust} 进行模拟。同时测量室内 C_{sp} 和 X_{dust} 的实验研究同样未被纳入，因为在此情况下需要利用模型根据 C_{sp} 对 C_s 和 X_{dust} 进行模拟。在模拟 C_s 的过程中，C_{surf} 的浓度水平尤为重要。根据与 C_{surf} 对应的平衡浓度与 C_s 的相对大小，吸附有 SVOC 的表面在室内既可以是 SVOC 的源也可以是 SVOC 的汇。而这些研究中均没有给出实验工况下室内的 C_{surf} 浓度水平，因此根据此类研究所提供的信息，无法对实验工况下的 X_{dust} 进行模拟。

表 2.4　气相-降尘相动态分配模型验证所用实验数据及对应参考文献

物　质	C_s 实测值/($\mu g/m^3$)	X_{dust} 实测值/(ng/g)	参 考 文 献
β-六溴环十二烷（HBCD）	2.20×10^{-5}	9.30×10^{1}	Abdallah 等,2008[82]
γ-HBCD	1.20×10^{-4}	6.70×10^{2}	
α-HBCD	3.70×10^{-5}	3.80×10^{2}	
Ace	1.40×10^{-4}	5.90×10^{-1}	Gevao 等,2007[83]
Fluo	8.10×10^{-4}	1.8	
Acy	8.00×10^{-5}	2.80×10^{-1}	
Phe	2.81×10^{-3}	2.08×10^{1}	
Ant	1.40×10^{-4}	6.07	
Pyr	3.50×10^{-4}	1.87×10^{1}	
Flu	4.10×10^{-4}	1.11×10^{1}	
Chry	6.00×10^{-5}	7.72	
BaA	2.00×10^{-5}	6.48	
BaP	6.00×10^{-5}	7.32×10^{1}	
BbF	1.40×10^{-4}	5.69×10^{1}	
BkF	9.00×10^{-5}	6.43×10^{1}	

物　　质	C_s 实测值/$(\mu g/m^3)$	X_{dust} 实测值/(ng/g)	参 考 文 献
多氯联苯(PCB)52	6.10×10^{-4}	7.2	Harrad 等,2009[84]
PCB 101	1.10×10^{-4}	8.8	
PCB 118	3.50×10^{-6}	8.7	
PCB 153	2.10×10^{-5}	9.9	
PCB 138	1.70×10^{-5}	9.5	
PCB 180	2.80×10^{-6}	6.8	
多溴联苯醚(BDE)47	2.00×10^{-4}	5.20×10^{2}	Imm 等,2009[85]
BDE 100	1.60×10^{-5}	1.20×10^{2}	
BDE 99	3.70×10^{-5}	6.10×10^{2}	
1,1,2,2,3,3,4,4,5, 5,6,6,7,7,8,8,8-十七氟-N-(2-羟乙基)-N-甲基-1-辛基磺酰胺(MeFOSE)	1.49×10^{-3}	1.13×10^{2}	Shoeib 等,2005[86]
n-乙基全氟辛基磺酰胺乙醇(EtFOSE)	7.40×10^{-4}	1.38×10^{2}	
BDE 47	2.50×10^{-5}	5.60×10^{1}	Toms 等,2009[87]
BDE 100	6.40×10^{-6}	1.80×10^{1}	
BDE 99	3.20×10^{-5}	8.70×10^{1}	
BDE 47	3.70×10^{-4}	1.30×10^{3}	Bennett 等,2015[81]
BDE 47	7.70×10^{-4}	8.40×10^{2}	
BDE 100	4.00×10^{-5}	2.80×10^{2}	
BDE 100	4.00×10^{-5}	1.80×10^{2}	
BDE 99	1.00×10^{-4}	1.40×10^{3}	
BDE 99	1.20×10^{-4}	9.60×10^{2}	
BDE 153	2.00×10^{-5}	1.50×10^{2}	
BDE 47	6.60×10^{-5}	3.00×10^{2}	Wilford 等,2004[89]
BDE 100	4.20×10^{-6}	7.30×10^{1}	Wilford 等,2005[91]
BDE 99	1.50×10^{-5}	4.30×10^{2}	
磷酸三丁酯(TBP)	9.00×10^{-4}	1.70×10^{2}	Blanchard 等,2014[92]
Phe	7.20×10^{-3}	2.80×10^{2}	
Acy	1.20×10^{-3}	8.00×10^{1}	
邻苯二甲酸二甲酯(DMP)	8.20×10^{-3}	2.00×10^{2}	
邻苯二甲酸二乙酯(DEP)	1.57×10^{-1}	2.80×10^{3}	

续表

物　　　质	C_s 实测值/(μg/m³)	X_{dust} 实测值/(ng/g)	参 考 文 献
1,3,4,6,7,8-六氢-4,6,6,7,8,8-六甲基环五-γ-2-苯并吡喃(HHCB)	6.15×10^{-2}	9.80×10^2	Blanchard 等,2014[92]
吐纳麝香(AHTN)	1.48×10^{-2}	4.10×10^2	
邻苯二甲酸二异丁酯(DiBP)	3.26×10^{-1}	1.85×10^4	
DBP	8.29×10^{-2}	1.19×10^4	
4,4-二溴二苯醚(DiBDE)	5.70×10^{-5}	1.20×10^{-1}	Tue 等,2013[88]
PCB 52	3.60×10^{-6}	2.10×10^{-1}	
PCB 118	2.20×10^{-6}	5.30×10^{-1}	
PCB 153	2.00×10^{-6}	3.60×10^{-1}	
PCB 138	2.60×10^{-6}	6.00×10^{-1}	
BDE 47	6.60×10^{-7}	7.10×10^{-1}	
BDE 47	8.60×10^{-7}	1.2	
PCB 180	6.80×10^{-7}	1.60×10^{-1}	
BDE 99	8.60×10^{-7}	1.40×10^{-1}	
八溴联苯醚(OctaBDE)	2.30×10^{-7}	2.7	
联苯醚(NonaBDE)	3.40×10^{-7}	1.20×10^1	
十溴联苯醚(DecaBDE)	1.50×10^{-6}	8.90×10^1	

2.3.2.2　输入参数的确定

（1）颗粒物相关参数

验证中所考虑的悬浮颗粒物的粒径范围是 PM_{10}。在此粒径范围内的颗粒物按 d_p 被分为 5 个粒径段进行计算,分别是 $<0.5\ \mu m$、$0.5 \sim 1\ \mu m$、$1 \sim 3\ \mu m$、$3 \sim 5\ \mu m$ 和 $5 \sim 10\ \mu m$。Long 等人关于颗粒物穿透系数的实验结果被用来确定模型模拟所需的 P_p[93]。除了 v_d 以外,D_p 同样可用来描述颗粒物沉降,D_p 和 v_d 的关系可以用下式描述:

$$D_p = \frac{v_d A}{V} \tag{2-23}$$

Thatcher 等人在加利福尼亚州的一户民居中对住宅中的 D_p 进行了实验研究[94]，此实验结果被用来确定实测工况下颗粒物在室内的沉降速度。颗粒物的 R_p 参考了 Thatcher 和 Layton 的实验结果[95]，在他们的研究中，假定再悬浮的降尘均来自水平地板表面。因此在模拟时，同样定义落在地板表面的沉降颗粒为降尘。Zhao 和 Wu 建立的颗粒物沉降模型被用来计算颗粒物的 $v_{d.f}$[96]。在计算过程中，需要确定地板表面的摩擦速度（u^*，单位为 m/s），一般室内环境中空气流速为 0.15 m/s[29]，根据 Lai 和 Nazaroff 给出的计算公式[34]，得出一般室内环境中 u^* 为 0.01 m/s。所确定的颗粒物相关参数见表 2.5。

表 2.5　模型验证中使用的颗粒物相关参数

粒径 $d_p/\mu m$	质量分数	颗粒物穿透系数 P_p	室内颗粒物沉降率 D_p/h^{-1}	颗粒物在地板表面沉降速度 $v_{d.f}/(m/h)$	颗粒物再悬浮速率 R_p/h^{-1}
0～0.5	44.65%	0.86	1.50×10^{-1}	1.72×10^{-2}	9.90×10^{-7}
0.5～1	5.27%	0.68	2.00×10^{-1}	1.12×10^{-1}	4.40×10^{-7}
1～3	20.16%	0.74	4.00×10^{-1}	7.70×10^{1}	1.80×10^{-5}
3～5	16.19%	0.42	1.80	4.10	1.80×10^{-5}
5～10	13.73%	0.09	3.50	1.17×10^{1}	8.30×10^{-5}

粒径 $d_p/\mu m$	颗粒物中有机液层所占体积百分数 f_{om}	颗粒物密度 $\rho_p/$（$\mu g/m^3$）	降尘表面对流传质系数 $h_{md}/(m/h)$
0～0.5			
0.5～1			
1～3	0.3	1.5×10^{12}	1.63
3～5			
5～10			

　　与 2.2.3 节相似，颗粒物的 f_{om} 和 ρ_p 被分别设定为 0.3 和 1.5×10^{12} $\mu g/m^3$。不同 f_{om} 和 ρ_p 对模拟结果造成的影响会在下文的"敏感性分析"一节中进行具体分析。

　　世界银行（http://data.worldbank.org/indicator/EN.ATM.PM10.MC.M3）提供了各个国家近年来大气环境中 PM_{10} 的年均浓度水平，模型验证所用的 $C_{p.o}$ 为实验期间对应国家这一水平的平均值。考虑到用来验证模型的实验绝大部分是在西方发达国家进行的，瑞士一城市中 PM_{10} 的质量分布被应用在模型验证中[97]。不同 $C_{p.o}$ 对模拟结果造成的影响同样会在"敏感性分析"一节中进行具体分析。

（2）SVOC 分配系数

考虑到模型验证涉及的 SVOC 种类较多，实测工况更为复杂多变，2.2.2 节中用来计算 PAHs 的 K_p 的经验公式已不再适用。根据式（2-4），K_p 还可根据 K_{oa}，f_{om} 和 ρ_p 计算得出。相似地，关于 K_{dust}，可以用下式进行计算[64]：

$$K_{dust} = \frac{K_{oa} f_{om,d}}{\rho_{p,d}}$$ （2-24）

其中，下标"d"代表降尘。所选实测研究在一般室内环境中进行，假定室内温度为 20℃，可利用在线计算软件 SPARC On-Line Calculator 计算获得的实验工况下测试物质的 K_{oa}，然后可根据式（2-4）和式（2-24）计算相应工况下的 K_p 和 K_{dust}。

（3）对流传质系数

本节继续应用 2.2.2 节中 h_m 的确定方法和 2.2.3 节中 h_{mp} 的确定方法。需要注意的是，由于降尘是静止在地面上的，其动力学特性和悬浮颗粒物有很大区别，因此 h_{md} 和 h_{mp} 是不同的。Weschler 和 Nazaroff 指出可以用气相 SVOC 和吸附表面的动态分配过程来近似气相 SVOC 和降尘的动态分配过程[1]。此外，Guo 同样指出，由于降尘的流动性要远远小于悬浮颗粒物，因此与 h_{mp} 相比，h_{md} 要小很多[30]。本节中，h_{md} 被设定为和 h_m 相同，为 1.63 h^{-1}。

（4）开关窗行为模式和换气次数

开关窗行为模式和建筑换气次数是影响室内外污染物交换的重要参数，因而是影响模拟结果的重要输入参数。在关于开关窗行为模式的实测研究中，大部分研究者发现某一地区的居民开窗概率（$Prob_o$）与当地的室外温度（$t_o/℃$）间的关系可以用下式进行描述[51-53]：

$$Prob_o = \frac{e^{(-a+bt_o)}}{1 + e^{(-a+bt_o)}}$$ （2-25）

其中，a 和 b 为与地区对应的常数。文献中给出的实测研究所进行的地区对应的常数 a 和 b 列于表 2.6。考虑到发达国家建筑中开窗行为模式类似，Nicol 和 Humphreys 给出的欧洲地区的 $Prob_o$ 与 t_o 的关系式被用来模拟欧洲、北美洲和大洋洲地区进行实验的目标建筑的开窗概率[52]。由于巴基斯坦和科威特的气候和居民生活方式相似，Haldi 和 Robinson 得出的巴基斯坦的 $Prob_o$ 与 t_o 的关系式被用来模拟科威特地区进行实验的目标建筑的开窗概率[51]。陈伟煌得出的长沙地区 $Prob_o$ 与 t_o 的关系式被用来模拟亚洲地区进行实验的目标建筑的开窗概率[53]。

表 2.6　各实验地区用于模拟建筑开窗概率的常数

序号	地　区	大洲	参考文献	a	b
1	英国伯明翰	欧洲	Abdallah 等,2008	2.31	0.104
2	科威特	亚洲	Gevao 等,2007	3.73	0.118
3	加拿大多伦多	北美洲	Harrad 等,2009	2.31	0.104
4	美国威斯康星	北美洲	Imm 等,2009	2.31	0.104
5	加拿大渥太华	北美洲	Shoeib 等,2005	2.31	0.104
6	澳大利亚布里斯班	大洋洲	Toms 等,2009	2.31	0.104
7	越南河内	亚洲	Tue 等,2013	5.46	0.268
8	美国加利福尼亚	北美洲	Bennett 等,2014	2.31	0.104
9	法国布列塔尼	欧洲	Blanchard 等,2014	2.31	0.104
10	加拿大渥太华	北美洲	Wilford 等,2004；Wilford 等,2005	2.31	0.104

各个实验所在地区在实验期间的日均 t_o 可以通过 weather underground (http://www.wunderground.com)获得。当日均 $t_o \geqslant 26℃$ 时,考虑到空调的使用,Prob。设为 0。对于每个实测研究,当室外日均温度小于 26℃ 时,目标建筑的每日开窗概率可以通过式(2-25)计算获得,模拟时假定目标建筑的开窗时间比等于每日开窗概率。当室外日均温度大于等于 26℃ 时,考虑到空调的使用,目标建筑的每日开窗时长设为 0。考虑到越南的实验是在农村地区进行,故这一地区的民宅的开窗行为被认为不受空调的影响。

与 2.2.3 节类似,关窗时的渗风换气次数设定为 0.23 h^{-1},开窗时的换气次数设定为 5 h^{-1}。对于各个实验,实验期间对应的开窗换气次数会有较大差异。不同建筑换气次数对模拟结果造成的影响会在"敏感性分析"一节中进行具体分析。

（5）室内清扫频率

定义室内降尘停留时间（$\tau_{r,D}$,h）为降尘在室内环境中停留的平均时长。若降尘再悬浮是去除室内降尘的唯一方式,则 $\tau_{r,D}$ 可用下式进行估算:

$$\tau_{r,D} = \frac{1}{R_p} \tag{2-26}$$

根据估算结果,所研究的粒径范围内的降尘的最短 $\tau_{r,D}$ 仍然长达 2000h。因此,降尘在室内环境中有充分的时间与气相 SVOC 进行相互作用,直至降尘因为清扫被除去。在此情况下,室内清扫频率(CF)是另一影响 $\tau_{r,D}$ 的重要参数。在模型验证中,CF 被设置为一周一次,在此情况下气相-降尘相

SVOC 的动态分配时长为一周,模拟得到的第七天 X_{dust} 的日均值被用来和 X_{dust} 实测结果进行对比。不同 CF 对模拟结果造成的影响会在"敏感性分析"一节中进行具体分析。

2.3.2.3　结果与讨论

对模型的数值求解利用三阶龙格-库塔方法在 Matlab R2010a 进行。为了便于与实测值进行比较,将模拟得到的 X_{dust} 乘以 10^9,使其单位从 $\mu\text{g}/\mu\text{g}$ 转换为 ng/g,模拟结果与实测结果的对比如图 2.9 所示。

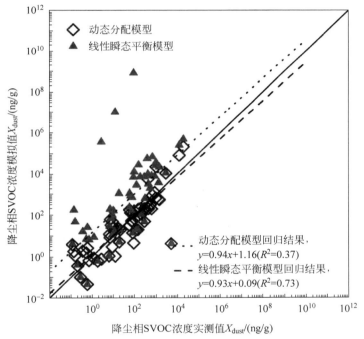

图 2.9　降尘相 SVOC 模拟结果与实测结果比较(见文前彩图)

图 2.9 中 x 轴代表的是 X_{dust} 实测值,y 轴代表的是 X_{dust} 模拟值,x 轴和 y 轴绘制的均为对数坐标,图中蓝色菱形标志代表 SVOC 气相-降尘相动态分配模型模拟结果,红色三角代表线性瞬态平衡模型模拟结果。如果模型预测值与实测值相等,实测数据点应落在 $y=x$ 的黑色实线上。黑色虚线是 SVOC 气相-降尘相动态分配模型模拟结果拟合直线,拟合利用"Origin 8.5.1"的线性拟合(linear fit)功能来完成,拟合所得线性表达式为

$$y = 0.93x + 0.09 \tag{2-27}$$

相关系数 R^2 为 0.73。黑色点画线是线性瞬态平衡模型模拟结果拟合直线,表达式为

$$y = 0.94x + 1.16 \tag{2-28}$$

相关系数 R^2 为 0.37。由图 2.9 可以看出,大多数由动态分配模型模拟得到的 X_{dust} 比线性瞬态平衡模型的模拟结果要更为接近实测值。部分线性瞬态平衡模型模拟得到的 X_{dust} 要远大于实测值。这主要是因为线性瞬态平衡模型并没有对气相 SVOC 和降尘间的动态分配过程和颗粒物的动力学特性进行考虑。实际情况下由于这二者的存在,气相 SVOC 和降尘间的相互作用时间有限,降尘中的 SVOC 浓度无法达到平衡浓度。

为了针对不同分配系数的 SVOC,对比两种模型的降尘相 SVOC 浓度模拟值和实测结果之间的差异,本节分别对 $K_{oa} < 10^8$,$10^8 < K_{oa} < 10^{12}$ 和 $K_{oa} > 10^{12}$ 这三类 SVOC 的 X_{dust} 模拟值进行了线性拟合。对于 $K_{oa} < 10^8$ 的 SVOC,结果如图 2.10 所示。

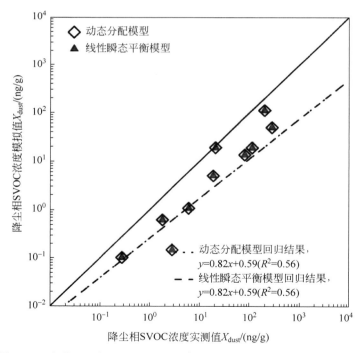

图 2.10　小分配系数 SVOC($K_{oa} < 10^8$)降尘相模拟结果与实测结果比较

由图 2.10 可以看出，对小分配系数的 SVOC 而言，动态分配模型和线性瞬态平衡模型所得到 X_{dust} 的模拟结果基本一致，对这类 SVOC 的 X_{dust} 模型模拟值进行线性拟合，得到的表达式为

$$y = 0.82x + 0.59 \tag{2-29}$$

相关系数 R^2 为 0.56。根据 Weschler 和 Nazaroff 的估计，K_{oa} 小于 10^8 的气相 SVOC 和厚度为 10 μm 的有机吸附物质之间达到平衡所需的时间小于 1 h[1]。考虑到室内降尘与室内吸附表面的对流传质系数相似，在此情况下，气相 SVOC 有足够的时间和室内降尘发生相互作用并达到平衡状态。因此，对于 $K_{oa} < 10^8$ 的 SVOC，可直接利用线性瞬态平衡模型来估算 X_{dust}。比较模拟值和实测值，可以看出大多数这类 SVOC 的 X_{dust} 模拟值都接近实测结果，其中 Gevao 等人[83] 和 Blanchard 等人[92] 的研究中的 5 个实测结果与模拟结果有着相同的量级，均说明了模拟结果的可靠性和准确性。

对于 $10^8 < K_{oa} < 10^{12}$ 的 SVOC，X_{dust} 模拟结果与实测结果的对比如图 2.11 所示。

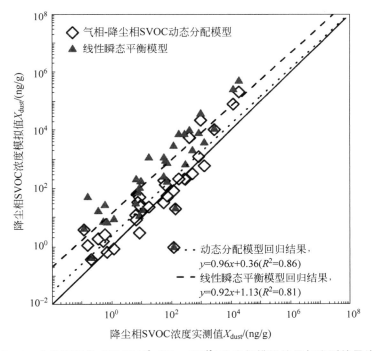

图 2.11　中分配系数 SVOC($10^8 < K_{oa} < 10^{12}$)降尘相模拟结果与实测结果比较

对这类 SVOC 的 X_{dust} 气相-降尘相动态分配模型模拟值进行线性拟合,得到的表达式为

$$y = 0.96x + 0.36 \tag{2-30}$$

相关系数 R^2 为 0.86。对这一范围内的 SVOC 的 X_{dust} 线性瞬态平衡模型模拟值进行线性拟合,得到的表达式为

$$y = 0.92x + 1.13 \tag{2-31}$$

相关系数 R^2 为 0.81。两个模型的 X_{dust} 模拟值线性拟合表达式的斜率均接近 1,但是气相-降尘相动态分配模型的 X_{dust} 模拟值线性拟合表达式的截距更接近 0,说明对于这类 SVOC,气相-降尘相动态分配模型模拟所得 X_{dust} 更接近实测水平。对于 $K_{\text{oa}} > 10^{12}$ 的 SVOC,模拟结果与实测结果的对比如图 2.12 所示。

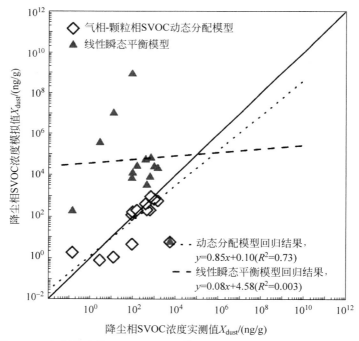

图 2.12　大分配系数 SVOC($K_{\text{oa}} > 10^{12}$)降尘相模拟结果与实测结果比较

对这类 SVOC 的 X_{dust} 气相-降尘相动态分配模型模拟值进行线性拟合,得到的表达式为

$$y = 0.85x + 0.10 \tag{2-32}$$

相关系数 R^2 为 0.73。对这类 SVOC 的 X_{dust} 线性瞬态平衡模型模拟值进

行线性拟合,得到的表达式为

$$y = 0.08x + 4.58 \tag{2-33}$$

相关系数 R^2 为 0.003。从图 2.12 可以看出,对这类 SVOC,线性瞬态平衡模型的 X_{dust} 模拟结果要显著大于实测值。而气相-降尘相动态分配模型的 X_{dust} 模拟结果仍与实测结果吻合较好,大部分 X_{dust} 模拟值与实测值的量级相同,体现了动态分配模型的准确性和有效性。造成线性瞬态平衡模型的 X_{dust} 模拟值与动态分配模型模拟结果及实测值间存在较大差异的主要原因是其忽略了气相和吸附相 SVOC 之间的动态分配过程和颗粒物的空气动力学特性。对于 $K_{oa} > 10^{12}$ 的 SVOC,相间达到平衡所需的时间要远远大于悬浮颗粒物和降尘在室内的停留时间,因此在一般室内环境中 SVOC 相间平衡很难达到,瞬态平衡假设无法成立。

2.3.2.4　敏感性分析

本节对 X_{dust} 模拟结果对输入参数的敏感性进行分析研究,敏感性分析涉及的输入参数包括 f_{om}, ρ_p, AER, $C_{p,o}$ 和 CF。敏感性分析中这些输入参数的变化范围根据已有文献和一些合理假设进行确定,见表 2.7。

表 2.7　输入参数变化范围

参数	颗粒物密度 ρ_p/($\mu g/m^3$)	颗粒物中有机液层体积分数 f_{om}	渗风换气次数 AER_c/h^{-1}	关窗换气次数 AER_o/h^{-1}	清扫频率 CF
最小值	1.0×10^{12}	0.2	0.1	1	1/14
参考值	1.0×10^{12}	0.3	0.23	5	1/7
最大值	2.0×10^{12}	0.4	0.5	10	1/2
参考文献	Weschler 和 Nazaroff,2010[64]	Weschler 和 Nazaroff,2010[64]	Persily 等,2010[98]	合理假设	合理假设

Weschler 和 Nazaroff 关于降尘和悬浮颗粒物有机液层所占体积百分数及密度的估计值被设置为 f_{om} 和 ρ_p 的最大值和最小值[64]。Persily 等得到的美国公寓式住宅 AER_c 分布的 10% 和 90% 被设置为 AER_c 的最大值和最小值[98]。根据合理假设,设定 AER_o 的变化范围是 1~10 h^{-1}。对于 $C_{p,o}$,最大值被设置为参考值的两倍,最小值被设置为参考值的 1/2。对于 CF,最小值被设置为两周一次,最大值被设置为两天一次。

不同输入参数下 X_{dust} 的模拟结果与实测值对比数据点的线性拟合回归参数见表 2.8。由表 2.8 可以看出,不同 $C_{p,o}$ 对应的回归参数基本相同,因此不同 $C_{p,o}$ 对 X_{dust} 的模拟结果影响较小。f_{om} 的增加和 ρ_p 的减小会导致模拟值线性拟合结果的截距增大。这是因为较大的 f_{om} 和较小的 ρ_p 对应较大的 K_p 和 K_{dust}，这意味着 SVOC 在颗粒相和降尘相中具有更高的平衡浓度。对于 K_{oa} 较小、吸附相可达到平衡浓度的 SVOC，更大的 K_p 和 K_{dust} 导致更大的 X_{dust} 模拟值。对于 K_{oa} 较大、相间平衡时间较长、吸附相无法达到平衡浓度的 SVOC，较大的 K_p 和 K_{dust} 扩大了气相 SVOC 和吸附物质表面浓度边界层内 SVOC 的浓度差，从而增强了吸附物质表面的动态分配过程，导致了更大的 X_{dust} 模拟值。对于建筑换气次数，较高的 AER 下，颗粒物及降尘室内停留时间缩短，对应的 SVOC 气相-降尘相动态分配模型 X_{dust} 模拟值减小，从而导致动态分配模型 X_{dust} 模拟结果线性拟合表达式的截距值变小。相反地，较小的 AER 导致了较长的悬浮颗粒物室内停留时间，在此情况下，悬浮颗粒物有更为充足的时间和气相 SVOC 进行动态分配，从而导致动态分配模型的颗粒相 SVOC 浓度模拟值增大。这主要是因为较小的 AER 导致了较长的悬浮颗粒物室内停留时间。因此，悬浮颗粒物有更为充足的时间和气相 SVOC 进行相互作用，使颗粒相 SVOC 可以达到更高的浓度水平。颗粒相 SVOC 的沉降是室内降尘相 SVOC 的一个主要来源，更高的室内颗粒相 SVOC 浓度水平会导致更大的 X_{dust} 模拟值。在本书的研究中，室内清扫活动是室内降尘的唯一去除机制。更高的 CF 意味着降尘的室内停留时间缩短，相应地其和气相 SVOC 相互作用的时间变短，导致了更小的 X_{dust} 模拟值，从而使动态分配模型的 X_{dust} 模拟值线性拟合表达式的截距值变小。

表 2.8　敏感性分析中 X_{dust} 模拟值对比数据点线性拟合结果

	气相-降尘相动态分配模型				线性瞬态平衡模型			
	斜率	截距	R^2	P 值	斜率	截距	R^2	P 值
参考值	0.93	0.09	0.73	<0.001	0.94	1.16	0.37	<0.001
$f_{om,max}$	0.93	0.16	0.73	<0.001	0.94	1.28	0.37	<0.001
$f_{om,min}$	0.93	0.00	0.72	<0.001	0.94	0.98	0.37	<0.001
ρ_{max}	0.93	−0.03	0.73	<0.001	0.94	1.03	0.37	<0.001
ρ_{min}	0.93	0.27	0.73	<0.001	0.94	1.33	0.37	<0.001
α_{max}	0.94	−0.01	0.73	<0.001	0.94	1.16	0.37	<0.001
α_{min}	0.92	0.32	0.71	<0.001	0.94	1.16	0.37	<0.001
$C_{p,o,max}$	0.93	0.09	0.73	<0.001	0.94	1.16	0.37	<0.001
$C_{p,o,min}$	0.93	0.09	0.73	<0.001	0.94	1.16	0.37	<0.001
CF_{max}	0.92	0.05	0.73	<0.001	0.94	1.16	0.37	<0.001
CF_{min}	0.93	0.12	0.72	<0.001	0.94	1.16	0.37	<0.001

2.4　小　　结

本章的主要研究成果如下:

(1) 建立了 SVOC 气相-颗粒相动态分配模型,该模型综合考虑了气相-颗粒相 SVOC 动态分配过程、通风及颗粒物动力学特性对室内气相 SVOC 浓度(C_s)和颗粒相 SVOC 浓度(C_{sp})的影响,物理意义更加明确,符合实际工况的浓度模拟需求。考虑实验测量本身存在的不确定度,模型模拟得到的 C_s 和 C_{sp} 与文献中的实测结果吻合良好。该模型与线性瞬态平衡模型相比,可以获得更为准确的室内 SVOC 相间分配状态。在典型工况下,SVOC 气相-颗粒相动态分配模型模拟所得的 C_s 和 C_{sp} 与线性瞬态平衡模型的模拟结果相比存在较大差异。这一差异对于 $K_{oa} > 10^9$ 的 SVOC 更为显著,这是由于线性瞬态平衡模型对 SVOC 相间动态分配过程及颗粒物动力学特性考虑不足。因此,对于这类 SVOC,需利用 SVOC 气相-颗粒相动态分配模型来模拟室内气相、颗粒相 SVOC 浓度。而对于 $K_{oa} < 10^9$ 的 SVOC,可直接利用简单的线性瞬态平衡模型来模拟室内气相、颗粒相 SVOC 浓度。对应工作发表于 *Atmospheric Environment*(2012,59: 93-101)。

(2) 建立了 SVOC 气相-降尘相动态分配模型,该模型综合考虑了气相-降尘相 SVOC 动态分配过程、通风及颗粒物动力学特性对降尘相 SVOC 浓度(X_{dust})的影响。该模型的模拟结果与已有文献中的实验结果吻合良好,且模型具有良好的一致性和有效性,可用来模拟室内环境中的 X_{dust}。对于 $K_{oa} < 10^8$ 的 SVOC,SVOC 气相-降尘相动态分配模型与线性瞬态平衡模型模拟结果相近,因此对于这类 SVOC,可以直接利用简单的线性瞬态平衡模型来模拟室内环境中的 X_{dust}。对于 $K_{oa} > 10^8$ 的 SVOC,尤其对于 $K_{oa} > 10^{12}$ 的 SVOC,线性瞬态平衡模型的 X_{dust} 模拟值与 SVOC 气相-降尘相动态分配模型模拟结果差异较大,且与实测结果差异明显,而动态分配模型的 X_{dust} 模拟值与实测值吻合良好,因此对于这类 SVOC,需要利用 SVOC 气相-降尘相动态分配模型来模拟室内环境中的 X_{dust}。对应工作发表于 *Atmospheric Environment*(2015,107: 52-61)。

第3章 SVOC多相、多途径个体暴露模型的研究

3.1 引　　论

人体会通过多种暴露途径对不同相的SVOC形成暴露,可能导致一定的健康危害。环境中SVOC的多相、多途径人体暴露如图3.1所示。

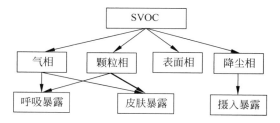

图3.1 环境中SVOC的多相、多途径人体暴露

气相、颗粒相SVOC会通过呼吸暴露和皮肤暴露进入人体。此外,摄入降尘相SVOC也会造成人体对SVOC的暴露。如1.2.2节所述,目前尚无从浓度定量计算出发的完备的SVOC多相、多途径个体暴露模型。

因此,本章将开展以下研究:①建立从浓度定量计算出发的完备的SVOC多相、多途径个体暴露模型,考虑的暴露途径包括气相、颗粒相SVOC的呼吸暴露,气相、颗粒相SVOC的皮肤暴露及降尘相SVOC的摄入暴露;②通过建立模型和实验验证的方法,研究颗粒物在人体表面的沉降速度,为完善颗粒相SVOC在人体表面的直接沉降这一皮肤暴露途径提供基础数据;③利用建立的SVOC多相、多途径个体暴露模型对实际案例进行分析,模拟北京市典型居民(学龄前儿童、学龄儿童、成年人、老年人)对几种室内常见SVOC的多相、多途径暴露水平。

3.2　SVOC 多相、多途径个体暴露模型的建立

3.2.1　浓度计算模型

　　根据第 2 章对室内环境中 SVOC 相间动态分配模型的研究,可建立一般室内环境中 SVOC 动力学传输模型,模拟室内 SVOC 的分相浓度。室内悬浮颗粒物、降尘和 SVOC 质量守恒方程如式(3-1)～式(3-3)所示:

$$V\frac{dC_p}{dt} = Q_n(P_p C_{p,o} - C_p) + Q_f[(1-\eta_f)C_{p,o} - C_p] - Q_r\eta_r C_p - \\ v_d A C_p + R_p M_D A_f + S_p \tag{3-1}$$

$$\frac{dM_D}{dt} = v_{d,f}C_p - R_P M_D \tag{3-2}$$

$$V\left(\frac{dC_s}{dt} + \frac{dC_{sp}}{dt}\right) + A_{sorp}\frac{dC_{surf}}{dt} + A_f\frac{d(M_D X_{dust})}{dt} = Q_n(C_{s,o} + P_p C_{sp,o} - \\ C_s - C_{sp}) + Q_f[C_{s,o} + (1-\eta_f)C_{sp,o} - C_s - C_{sp}] - Q_r\eta_r C_{sp} + S_s + S_{sp} \tag{3-3}$$

其中,Q_f 为机械通风系统新风量,单位为 m^3/h;Q_r 为机械通风系统回风量,单位为 m^3/h;η_f 为机械通风系统新风颗粒物过滤效率,单位为%;η_r 为机械通风系统回风颗粒物过滤效率,单位为%。

　　当目标 SVOC 在目标工况下的 $K_{oa} < 10^8$ 时,根据第 2 章所得结论,可直接利用线性瞬态平衡模型对其室内分相浓度进行模拟,如式(3-4)～式(3-6)所示:

$$C_{sp} = K_p C_p C_s \tag{3-4}$$

$$C_{surf} = K_{surf} C_s \tag{3-5}$$

$$X_{dust} = K_{dust} C_s \tag{3-6}$$

当目标 SVOC 在目标工况下的 $K_{oa} > 10^8$ 时,根据第 2 章所得结论,需利用 SVOC 相间动态分配模型对其室内分相浓度进行模拟,颗粒相 SVOC、表面相 SVOC 及降尘相 SVOC 的质量守恒方程分别如式(3-7)～式(3-9)所示:

$$V\frac{dC_{sp}}{dt} = Q_n(P_p C_{sp,o} - C_{sp}) + Q_f[(1-\eta_f)C_{sp,o} - C_{sp}] - Q_r\eta_r C_{sp} + \\ Vh_{mp}A_p N_{pn}(C_s - C_{0,sp}) - v_d A C_{sp} + A_f R_p M_D X_{dust} + S_{sp} \tag{3-7}$$

$$\frac{dC_{\text{surf}}}{dt} = h_{\text{m}}\left(C_{\text{s}} - \frac{C_{\text{surf}}}{K_{\text{surf}}}\right) \tag{3-8}$$

$$\frac{d(M_{\text{D}}X_{\text{dust}})}{dt} = h_{\text{md}}A_{\text{d}}N_{\text{dn}}\left(C_{\text{s}} - \frac{X_{\text{dust}}}{K_{\text{dust}}}\right) + v_{\text{d,f}}C_{\text{sp}} - R_{\text{p}}M_{\text{D}}X_{\text{dust}} \tag{3-9}$$

联立式(3-1)~式(3-6),可利用线性瞬态平衡模型对室内环境中 SVOC 分相浓度进行模拟。联立式(3-1)~式(3-3)和式(3-7)~式(3-9),可利用 SVOC 相间动态分配模型对室内环境中 SVOC 分相浓度进行模拟。

3.2.2　暴露计算模型

本模型中所考虑的暴露途径包括对气相 SVOC 的呼吸暴露、对气相 SVOC 的皮肤暴露、对颗粒相 SVOC 的呼吸暴露、对颗粒相 SVOC 的皮肤暴露及对降尘相 SVOC 的摄入暴露。

对气相 SVOC 的呼吸暴露量(Exposure$_{\text{i,s}}$,单位为 μg/(kg·d))和对颗粒相 SVOC 的呼吸暴露量(Exposure$_{\text{i,sp}}$,单位为 μg/(kg·d))可分别用下式进行计算[99]:

$$\text{Exposure}_{\text{i,s}} = \frac{C_{\text{s}} \cdot \text{IR} \cdot (24 - ED_{\text{o}}) + C_{\text{s,o}} \cdot \text{IR} \cdot ED_{\text{o}}}{24 \cdot \text{BW}} \tag{3-10}$$

$$\text{Exposure}_{\text{i,sp}} = \frac{C_{\text{sp}} \cdot \text{IR} \cdot (24 - ED_{\text{o}}) + C_{\text{sp,o}} \cdot \text{IR} \cdot ED_{\text{o}}}{24 \cdot \text{BW}} \tag{3-11}$$

其中,IR 是人体长期暴露呼吸速率,单位为 m^3/d;ED$_{\text{o}}$ 是居民在室外的活动时长,单位为 h/d;BW 是人体体重,单位为 kg。

关于皮肤暴露,目前气相、颗粒相 SVOC 穿透皮肤进入血液的机理尚不明确,因此在此模型中定义皮肤暴露量为人体皮肤表面对 SVOC 的接触量。对气相 SVOC 的皮肤暴露量(Exposure$_{\text{D,s}}$,μg/(kg·d))和对颗粒相 SVOC 的皮肤暴露量(Exposure$_{\text{D,sp}}$,μg/(kg·d))可分别用下式进行计算[100]:

$$\text{Exposure}_{\text{D,s}} = \frac{J_{\text{s,i}} \cdot SA \cdot f_{\text{SA}} \cdot (24 - ED_{\text{o}}) + J_{\text{s,o}} \cdot SA \cdot f_{\text{SA}} \cdot ED_{\text{o}}}{\text{BW}} \tag{3-12}$$

$$\text{Exposure}_{\text{D,sp}} = \frac{J_{\text{sp,i}} \cdot SA \cdot f_{\text{SA}} \cdot (24 - ED_{\text{o}}) + J_{\text{sp,o}} \cdot SA \cdot f_{\text{SA}} \cdot ED_{\text{o}}}{\text{BW}} \tag{3-13}$$

其中，SA 为人体皮肤表面积，单位为 m^2；f_{SA} 为人体皮肤表面积中直接与空气接触的比例，单位为％；J_s 为皮肤表面气相 SVOC 的质流密度，单位为 $\mu g/(m^2 \cdot h)$；J_{sp} 为皮肤表面颗粒相 SVOC 的质流密度，单位为 $\mu g/(m^2 \cdot h)$。Weschler 和 Nazaroff 建立了稳态情况下气相 SVOC 穿透皮肤进入血液的质流密度计算模型[101]。在稳态情况下，穿透皮肤进入血液的气相 SVOC 质流密度和直接与皮肤接触的气相 SVOC 质流密度相等，因而皮肤表面的气相 SVOC 质流密度可以利用下式进行计算[101]：

$$\begin{cases} J_{s,i} = C_s \cdot k_s \\ J_{s,o} = C_{s,o} \cdot k_s \end{cases} \tag{3-14}$$

其中，k_s 为气相 SVOC 从空气穿透皮肤进入血液的穿透系数，单位为 m/h；下标"i"表示室内环境，下标"o"代表室外环境。k_s 可以用下式进行计算[101]：

$$\frac{1}{k_s} = \frac{1}{h_{m,s}} + \frac{1}{k_{p\_cb}} + \frac{1}{k_{p\_eb}} \tag{3-15}$$

其中，$h_{m,s}$ 为皮肤表面边界层处气相 SVOC 的对流传质系数，单位为 m/h；k_{p_cb} 为气相 SVOC 从皮肤表面边界层穿过角质层到达活性表皮层的穿透系数，单位为 m/h；k_{p_eb} 为气相 SVOC 穿过活性表皮层到达毛细管真皮层的穿透系数，单位为 m/h。

颗粒相 SVOC 会直接在人体表面沉降，造成人体对 SVOC 的皮肤暴露。而颗粒物在人体表面的沉降速度（$v_{d,h}$，m/h）是确定这一途径造成的暴露量的重要参数，在获得这一参数的基础上，由于颗粒在人体表面沉降造成的 SVOC 质流密度可由下式进行计算：

$$\begin{cases} J_{sp,i} = C_{sp} \cdot v_{d,h} \\ J_{sp,o} = C_{sp,o} \cdot v_{d,h} \end{cases} \tag{3-16}$$

人体会因为误食降尘而造成对降尘相 SVOC 的摄入暴露（$Exposure_o$，单位为 $\mu g/(kg \cdot d)$），这一暴露途径造成的暴露量与日均摄入降尘量紧密相关，可以用下式进行描述：

$$Exposure_o = DI \cdot X_{dust} \tag{3-17}$$

其中，DI 为人体日均摄入降尘量，单位为 $\mu g/(kg \cdot d)$。

联立式（3-10）～式（3-17），即可模拟 SVOC 多相、多途径的个体暴露量。式中 SVOC 分相浓度由 3.2.1 节建立的室内 SVOC 动力学传输模型模拟获得，暴露参数根据具体研究对象和暴露工况进行确定。

3.3　颗粒物在人体表面沉降速度的确定

3.3.1　模型建立

    Lai 和 Nazaroff 建立了三层模型(three-layer model)来模拟颗粒物在一般表面的沉降速度,模型考虑了布朗扩散(Brownian diffusion)、湍流扩散(turbulent diffusion)和重力沉降(gravitational settling)的作用[34]。Zhao 和 Wu 在此模型的基础上引入了扩散泳力(turbophoresis)的作用,提出了风道中的颗粒沉降模型[96]。而人体表面具有和普通表面及风道表面不同的性质。颗粒物在人体表面沉降时,人体表面和空气间存在一定的温度差。此外,人体表面的湿度与空气湿度也不尽相同。因此,模拟颗粒物在人体表面沉降速度时,还需要考虑热泳力和扩散泳力的影响。在 Lai 和 Nazaroff 及 Zhao 和 Wu 的三层模型的基础上,可以得出在具有人体表面性质的平面上由于沉降导致的颗粒物质流密度表达式:

$$J_{\text{p,D}} = -\left(D_{\text{B}} + \varepsilon_{\text{p}}\right)\frac{\partial C_{\text{p}}}{\partial y} - \cos\theta v_{\text{g}}C_{\text{p}} + v_{\text{turb}}C_{\text{p}} + v_{\text{th}}C_{\text{p}} + v_{\text{dif}}C_{\text{p}} \quad (3\text{-}18)$$

其中,C_{p} 为颗粒物浓度,单位为 $\mu g/m^3$;$J_{\text{p,D}}$ 为颗粒物质流密度,单位为 $\mu g/(m^2 \cdot h)$;D_{B} 为颗粒物布朗扩散率,单位为 m^2/h;ε_{p} 为颗粒物在浓度边界层的湍流扩散率,单位为 m^2/h;y 为颗粒物到所沉降表面的垂直距离,单位为 m;θ 为沉降表面倾角,单位为°;v_{g} 为颗粒物重力沉降速度,单位为 m/h;v_{turb} 为湍流泳速度,单位为 m/h;v_{th} 为热泳速度,单位为 m/h;v_{dif} 为扩散泳速度,单位为 m/h。式(3-18)右边第一项描述了布朗扩散和湍流扩散的作用,第二项描述了颗粒物重力沉降的作用,第三项描述了扩散泳力的作用,第四项描述了热泳力的作用,第五项描述了扩散泳力和斯蒂芬流的综合作用。v_{th} 可以用下式进行计算[102]:

$$v_{\text{th}} = \frac{6\pi d_{\text{p}}\mu_{\text{a}}^2 Co_{\text{s}}(K_{\text{m}} + Co_{\text{t}}Kn)}{\rho_{\text{a}}(1 + 3Co_{\text{m}}Kn)(1 + 2K_{\text{m}} + 2Co_{\text{t}}Kn)}\frac{1}{m_{\text{p}}T_{\text{a}}}\frac{\partial T_{\text{a}}}{\partial y}\tau_{\text{p}} \quad (3\text{-}19)$$

其中,μ_{a} 为空气动力黏度,单位为 $N \cdot s/m^2$;ρ_{a} 为空气密度,单位为 kg/m^3;m_{p} 为单个颗粒物质量,单位为 μg;T_{a} 为空气温度,单位为 K;τ_{p} 为颗粒物弛豫时间,单位为 s;Co_{s} 为热蠕动系数(thermal creep coefficient),此处为 1.17;Co_{t} 为温度跳跃系数(temperature jump coefficient),此处为 2.18;Co_{m} 为速度滑移系数(velocity slip coefficient),此处为 1.14。K_{m} 的表达式如下式所示:

$$K_m = \frac{\lambda_a}{\lambda_p} \tag{3-20}$$

其中，λ_a 为空气热导率，单位为 W/(m·K)；λ_p 为颗粒物热导率，单位为 W/(m·K)。根据 Cao 等人对北京市大气中悬浮颗粒物化学成分的实测结果[103]，碳为悬浮颗粒物的主要组成成分，因此此处设定 λ_p 与碳的热导率相同，为 4.2 W/(m·K)。颗粒物弛豫时间 τ_p 可用下式进行计算：

$$\tau_p = \frac{C_c \rho_p d_p^2}{18\mu} \tag{3-21}$$

其中，C_c 为库宁汉修正系数（Cunningham cofficient）。

Goldsmith 和 May 给出了扩散泳力和斯蒂芬流综合作用下扩散泳速度的经验公式[104]：

$$v_{dif} = -1.9 \times 10^7 \frac{dP_g}{dy} \tag{3-22}$$

其中，dP_g/dy 为蒸发（凝结）表面的水蒸气分压梯度，Pa/m。

颗粒物在具有人体皮肤性质的平面上的沉降速度 $v_{d,h}$（单位为 m/h）可以用下式进行计算：

$$v_{d,h} = \frac{J_{p,D}}{C_{p,\infty}} \tag{3-23}$$

其中，$C_{p,\infty}$ 为边界层外颗粒物质量浓度，单位为 $\mu g/m^3$。

ε_p 由 Hinze 提出的其和湍流运动黏度（v_t，单位为 m^2/s）的关系式计算确定[105]。v_t 由 Johansen 提出的公式计算获得[106]。式（3-18）中除热泳力和扩散泳力作用外的其他作用项的模拟方法可以参考 Zhao 和 Wu 提出的风道中的颗粒沉降模型[35]。与颗粒物在风道中沉降模型的求解类似，对式（3-18）中所有计算项进行无量纲标准化并求解，可以得到颗粒在具有人体皮肤性质的平面上的无量纲沉降速度表达式：

$$v_{d,h}^+ = \frac{dC_p^+}{dy^+}\left(\frac{\tau_L \cdot v_t^+}{\tau_p + \tau_L} + \frac{1}{Sc}\right) + \left[\cos\theta v_g^+ + \tau^+ \frac{\left(\dfrac{\tau_L}{\tau_p + \tau_L}\right)\overline{v_y'^{2+}}}{dy^+} - \frac{v_{th} + v_{dif}}{u^*}\right]C_p^+ \tag{3-24}$$

式（3-24）中所有无量纲参数的定义可以参考 Zhao 和 Wu 的研究[35]。除热泳力和扩散泳力之外，皮肤表面粗糙度对颗粒物在人体表面沉降的影响不可忽略。当颗粒物的沉降表面较为粗糙时，边界层会有所上移，相应地，式（3-24）的边界条件如下所示：

$$\begin{cases} y^+ = r^+ + R_s^+ - e^+, & C^+ = 0 \\ y^+ = 200, & C^+ = 1 \end{cases} \tag{3-25}$$

其中，R_s^+ 为无量纲皮肤粗糙度，定义为 $R_s^+ = R_s u^* / v$；R_s 为皮肤粗糙度，单位为 μm；v 为空气运动黏度，单位为 m^2/s；e^+ 为速度边界层无量纲上移距离。Zhao 和 Wu 通过拟合得出不同粗糙度范围内 e^+ 的计算公式[36]，如下式所示：

$$\begin{cases} e^+/R_s^+ = 0, & R_s^+ < 3 \\ e^+/R_s^+ = 0.3219\ln(R_s^+) - 0.3456, & 3 < R_s^+ < 30 \\ e^+/R_s^+ = 0.0835\ln(R_s^+) - 0.4652, & 30 < R_s^+ < 70 \\ e^+/R_s^+ = 0.82, & R_s^+ > 70 \end{cases} \tag{3-26}$$

3.3.2 模型验证

3.3.2.1 实验设计

真实的人体，不仅是颗粒物的汇，同时也是颗粒物的源。人体呼出的颗粒物、皮肤表面皮脂与臭氧反应产生的二次气溶胶，甚至皮屑脱落等都是人体潜在的颗粒物源效应。目前，关于人体散发颗粒物源强的研究很少给出定量、明确的研究结果。而基于假人进行人体表面颗粒物沉降实验，可以避免真实人体不稳定且不确定的颗粒物源效应。尽管基于假人的实验不能够完全反映颗粒物在人体表面沉降的真实情况，但可以利用其和真实人体的共同点来研究影响颗粒物在人体表面沉降的主要因素，包括复杂的人体形状及热泳力作用。因此，本节基于假人对颗粒物在人体表面的沉降速度进行实验研究。实验包括了站姿和坐姿两种姿势的假人。假人表面均匀覆盖了电阻丝，因而能够实现表面的均匀发热。假人没有毛发且没有衣物覆盖。利用红外成像仪同时对发热假人和真实人体在同一环境下进行成像，成像时假人的散热量设置为 75 W，成像对比如图 3.2 所示。从图 3.2 可以看出，同一姿势的假人和真实人体相同部位最大温度差在 2℃ 以内，这一差距和不同人体间的体温差距相当。因此，可以认为基于假人的实验可以体现出人体表面温度对颗粒物沉降的影响。为了研究不同人体散热量对颗粒物在人体表面沉降的影响，实验过程中设置了三种假人的散热量，分别为 50 W、75 W 和 100 W，散热量通过调节假人表面电阻丝的输入电压来完成。

实验在一个不锈钢立方体实验舱中进行，实验舱的长、宽、高均为 2 m。

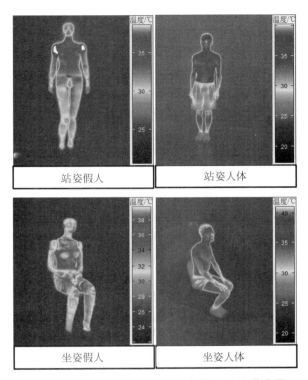

图 3.2　假人和真实人体表面温度对比(见文前彩图)

实验过程中实验舱是密闭的,密闭情况下通过 CO_2 下降法测得的实验舱换气次数为 $0.04\ h^{-1}$,因此可以认为在实验过程中实验舱密闭性良好,舱内环境不受外部影响。在实验舱天花板的中心处布置了一个吊扇用来混合实验舱中的空气。为了让实验结果更加接近真实情况,实验采用环境背景中粒径范围为 $0.01 \sim 5\ \mu m$ 的颗粒物展开沉降研究。

实验分两步进行。第一步,测出空实验舱中的颗粒物综合沉降率 D_p。第二步,将假人置于实验舱中,测出含假人的实验舱中的 D_p。考虑到假人的引入是两次实验工况下实验舱内 D_p 产生差异的原因,可以通过比较两次实验结果得出颗粒物在假人表面的沉降速度。实验采用自然下降法对实验舱中的 D_p 进行测量,利用扫描电迁移率粒径谱仪(scanning mobility particle sizers,SMPS,TSI,Model3910)对实验舱内粒径在 $0.01 \sim 0.5\ \mu m$ 的颗粒物浓度进行连续监测,利用空气动力学粒径谱仪(aerosol particle sizer,APS,TSI,Model3321)对实验舱内粒径在 $0.5 \sim 5\ \mu m$ 的颗粒

物浓度进行连续监测。实验舱中的颗粒物浓度会由于颗粒物沉降而发生自然衰减,实验舱中颗粒物浓度变化可由下式进行描述:

$$\frac{\mathrm{d}C_{\mathrm{p}}}{\mathrm{d}t} = -D_{\mathrm{p}}C_{\mathrm{p}} \tag{3-27}$$

通过拟合颗粒物浓度衰减曲线,可以获得对应工况下实验舱中的 D_{p},单位为 h^{-1}。为了避免凝并效应对颗粒物沉降速度确定的影响,本节选取初始浓度低于一定范围的颗粒物浓度衰减曲线进行拟合。对于 SMPS 测试的颗粒物浓度曲线,对初始浓度低于 8000 个/cm^3 的颗粒物浓度衰减曲线进行拟合;对 APS 测试的颗粒物浓度曲线,对初始浓度低于 800 个/cm^3 的颗粒物浓度衰减曲线进行拟合。在此情况下,初始浓度对应的颗粒物凝并衰减率占总衰减率(凝并+沉降)的 20% 以下。考虑到凝并作用随着浓度的衰减而衰减,因此做此数据筛选后可忽略凝并效应对颗粒物沉降的影响。

浓度下降曲线的拟合利用 Origin8.5.1 的非线性拟合(nonlinear curve fit)完成。在实验的第一步中,D_{p} 对应的是空舱中的颗粒物综合沉降率,标注为 $D_{\mathrm{p,1}}$,此时颗粒物浓度由于颗粒在实验舱内表面上的沉降而衰减。在实验的第二步中,D_{p} 对应的是含有假人的实验舱中的颗粒物综合沉降率,标注为 $D_{\mathrm{p,2}}$,此时颗粒物浓度由于颗粒物在实验舱内表面和假人表面的沉降而衰减。假人的发热量相对较小,实验过程中引入假人引起的舱内空气温度差异在 1℃ 以内。因此,假人发热对颗粒物在其他表面沉降的影响不予考虑。基于此,认为引入假人是两个实验步骤的 D_{p} 产生差异的唯一原因,在此情况下颗粒物在人体表面的沉降速度可以用下式进行计算:

$$v_{\mathrm{d,h}} = \frac{(D_{\mathrm{p,2}} - D_{\mathrm{p,1}})V}{\mathrm{SA}} \tag{3-28}$$

其中,V 为实验舱体积,单位为 m^3;SA 为假人表面积,单位为 m^2。为了计算热泳力对颗粒在假人表面沉降的影响,需要知道假人表面的温度梯度。假人表面的热流边界条件可以用来确定假人表面的温度梯度,如下式所示:

$$h_{\mathrm{c}}(T_{\mathrm{sk}} - T_{\mathrm{a}}) = \lambda_{\mathrm{a}}\frac{\mathrm{d}T_{\mathrm{a}}}{\mathrm{d}y} \tag{3-29}$$

其中,h_{c} 为假人表面空气侧的对流传热系数,单位为 $\mathrm{W}/(\mathrm{m}^2 \cdot \mathrm{K})$;$T_{\mathrm{sk}}$ 为假人表面温度,单位为 K;T_{a} 为实验舱中空气温度,单位为 K。实验过程

中，T_{sk} 利用 K 型热电偶进行测量，实验前热电偶通过水银温度计进行校准，K 型热电偶的测量误差为 0.2℃。T_a 利用温湿度自记仪（TJHY，Model WSZY-1）进行监测，温湿度自记仪对温度的测量误差为 0.1℃。McIntyre 总结了不同情况下计算人体表面 h_c 的经验公式[107]。在本书的研究中，由于搅拌风扇的存在，利用计算强迫对流下人体表面 h_c 的经验公式可以计算实验工况下的 h_c，如下式所示：

$$h_c = 8.3u_\infty^{0.5} \tag{3-30}$$

其中，u_∞ 为假人表面平均空气流速，单位为 m/s。假人表面不同部位的表面空气流速利用热线风速仪进行测量，热线风速仪的测量误差为 0.1 m/s。测得的假人各部位表面空气流速基于各部位面积进行加权平均，即可获得实验工况下假人表面的 u_∞。将所测得的 t_{sk}，t_a 和 u_∞ 作为输入参数代入式（3-29）和式（3-30），即可获得各实验工况下假人表面的温度梯度。

除此以外，假人表面的摩擦速度 u^* 是颗粒物在人体表面沉降模型的另一个重要输入参数，可利用其与表面速度梯度的关系式计算获得[34]：

$$u^* = \left(\nu \left.\frac{\mathrm{d}u}{\mathrm{d}y}\right|_{y=0}\right)^{1/2} \tag{3-31}$$

假人表面的速度梯度可用如下关系式进行计算[34]：

$$\left.\frac{\mathrm{d}u}{\mathrm{d}y}\right|_{y=0} = \left(\frac{0.074}{\rho_a \nu}\right)\left(\frac{\rho_a u_\infty^2}{2}\right)\left(\frac{u_\infty L}{\nu}\right)^{-1/5} \tag{3-32}$$

其中，L 为假人特征长度，单位为 m。将所测得物理量代入式（3-31）和式（3-32），即可获得各个实验工况下假人表面的 u^*。计算 u^* 所需的相应输入参数见表 3.1。

表 3.1　计算摩擦速度所需输入参数

部　　位		面积 SA/m²	表面空气流速 u_∞/(m/s)	假人表面平均空气流速 u_∞/(m/s)	特征长度 L/m	速度梯度 (du/dy)/s⁻¹	摩擦速度 u^*/(m/s)
站姿假人	头	0.162	1.9	1.02	1.7	$q=50$ W	
	躯干	0.51	1.3			239.76	0.0615
	左臂	0.175	0.82			$q=75$ W	
	右臂	0.175	0.85			237.17	0.0615
	左腿	0.342	0.73			$q=100$ W	
	右腿	0.342	0.68			242.93	0.0613

续表

部　　位		面积 SA/m²	表面空气流速 u_∞/(m/s)	假人表面平均空气流速 u_∞/(m/s)	特征长度 L/m	速度梯度 (du/dy)/s⁻¹	摩擦速度 u^*/(m/s)
坐姿假人	头	0.162	1.7	1.01	1.3	$q=50$ W	
	躯干	0.524	1.2			245.54	0.0627
	左臂	0.189	0.85			$q=75$ W	
	右臂	0.189	0.89			246.45	0.0626
	左腿	0.32	0.78			$q=100$ W	
	右腿	0.32	0.76			244.29	0.0627

　　最后,还需要对假人表面粗糙度 R_s 进行测量,以确定实验中假人表面的边界条件。假人表面 R_s 由包裹的单层发热电阻丝所致,因此设定假人表面 R_s 等于电阻丝直径。各个实验中舱内 t_a 和 R_s 见表 3.2。

表 3.2　各实验工况相关参数

实　验　编　号	1	2	3	4	5	6
假人姿势	站姿	站姿	站姿	坐姿	坐姿	坐姿
散热量 Q/W	50	75	100	50	75	100
空气温度 t_a/℃	27.3	29.6	24.6	29.9	29.1	31.0
假人表面粗糙度 R_s/μm	300	300	300	300	300	300

3.3.2.2　实验验证

　　为了利用所建立的人体表面颗粒物沉降模型模拟实验工况下假人表面的颗粒物沉降速度,本节将不同姿势的假人表面分解成一组有不同倾角的平面的集合。利用模型模拟颗粒物在倾角为 θ 的平面 i 上的沉降速度 $v_{d,h,i}$,然后利用面积加权平均得到颗粒物在人体表面的综合沉降速度 $v_{d,h}$,如下式所示:

$$v_{d,h} = \frac{\sum v_{d,h,i} \mathrm{SA}_i}{\sum \mathrm{SA}_i} \tag{3-33}$$

其中,SA_i 为各部位表面积,单位为 m²。通过对假人表面各个部位的表面积和倾角进行测量,确定简化后的假人模型,如图 3.3 所示:

　　经测量确定的站姿和坐姿假人各部位的面积大小和对应倾角见表 3.3。

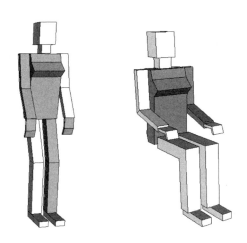

图 3.3　假人模型简化示意图

表 3.3　假人简化模型各平面的面积大小及倾角

表面倾角/(°)	站姿假人表面积/m²	坐姿假人表面积/m²
0	0.069	0.240
45	0.027	0.027
60	0.059	0.000
65	0.059	0.000
70	0.010	0.010
75	0.101	0.101
80	0.049	0.000
90	0.908	0.957
92	0.096	0.096
96	0.101	0.101
100	0.049	0.000
105	0.016	0.016
110	0.010	0.010
115	0.059	0.000
120	0.059	0.000
140	0.022	0.022
180	0.012	0.124

　　至此,可利用 3.3.1 节建立的人体表面颗粒物沉降模型对实验工况下假人表面的颗粒物沉降速度进行模拟,并将模拟值与实测值进行对比。需

要注意的是,由于测量机理的差异,SMPS所测为颗粒物电迁移直径(electic mobidity diameter, $d_{p,m}$),APS所测为颗粒物空气动力学直径(aerodynamic diameter, $d_{p,a}$),由于 $d_{p,m}$ 相同的颗粒物的 $d_{p,a}$ 可能不等[108],因此不能对SMPS和APS的测量结果进行简单的直接合并。$d_{p,m}$,$d_{p,a}$ 及颗粒的体积等效直径 $d_{p,ve}$ 间的关系如下式所示[109-110]:

$$\frac{d_{p,ve}}{d_{p,a}} = \sqrt{\chi \frac{C_c(d_{p,a})\rho_0}{C_c(d_{p,ve})\rho_p}} \tag{3-34}$$

$$\frac{d_{p,m}}{d_{p,ve}} = \chi \frac{C_c(d_{p,m})}{C_c(d_{p,ve})} \tag{3-35}$$

其中,$\rho_0 = 1000 \text{ kg/m}^3$,$\chi$ 为颗粒物形状因子(dynamic shape factor)。基于式(3-34)和式(3-35)可将 $d_{p,m}$ 转换为 $d_{p,a}$,以合并SMPS和APS的测量结果。在转换过程中,根据参考文献,设定 ρ_p 为 $900\sim1500 \text{ kg/m}^3$,$\chi$ 为 $1\sim1.9$[111-112]。将 $d_{p,ve}$ 转换成 $d_{p,a}$ 时的不确定性作为 $d_{p,a}$ 的误差范围。

在实验中,由于不同散热量的假人表面温度和相应实验舱内空气温度的差异较小(其中最大温差为6.33℃,最小温差为2.22℃),由此可以判断假人散热量对颗粒物在假人表面的沉降速度影响不大。因此,以100 W的站姿和坐姿假人表面颗粒沉降速度为代表,将其实验结果和模型结果进行对比以验证模型。$v_{d,h}$ 实验结果的不确定性主要有两个来源:一是使用的实验仪器导致的系统误差;另一个是拟合浓度下降曲线带来的不确定性。分别将SMPS和APS的测量不确定性与拟合曲线带来的不确定性进行对比,发现前者要小于后者。故将拟合浓度下降曲线得到的95%置信区间作为 $v_{d,h}$ 实验结果的误差范围。

散热量为100 W的站姿假人表面 $v_{d,h}$ 的模型模拟值与实测值如图3.4所示。$d_{p,a}$ 在 $0.01\sim5$ μm 范围内的颗粒物在散热量为100 W的站姿假人表面的 $v_{d,h}$ 实测值为 $0.16\sim1.28$ m/h。对 $d_{p,a}$ 在 $0.01\sim0.2$ μm 范围内的颗粒物而言,其在站姿假人表面的 $v_{d,h}$ 随着 $d_{p,a}$ 的增大而减小;而对 $d_{p,a}$ 在 $0.2\sim5$ μm 范围内的颗粒物而言,其在站姿假人表面的 $v_{d,h}$ 随着 $d_{p,a}$ 的增大而增大。这主要是因为对 $d_{p,a}$ 小于 0.2 μm 的颗粒物,扩散是其沉降的主要机理,而对于 $d_{p,a}$ 较大的颗粒物,重力是其沉降的主要机理。对 $d_{p,a}$ 在 0.2 μm 左右的颗粒物,这两种机理均不显著,因而其在人体表面沉降速度较小。如图3.4中实线所示,$d_{p,a}$ 在 $0.01\sim5$ μm 范围内的颗粒物在散热量为100 W的站姿假人表面的 $v_{d,h}$ 模拟值为 $0.35\sim0.87$ m/h。模拟得到的 $v_{d,h}$ 随 $d_{p,a}$ 的变化趋势与实验结果相同。考虑实验结果的不确定性,实验

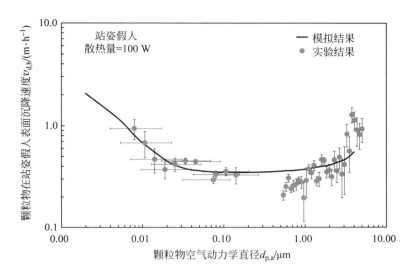

图 3.4　颗粒物在站姿假人表面沉降速度模拟结果与实验结果的对比

工况下,颗粒物在假人表面沉降速度的实验值与模拟值吻合良好。

　　散热量为 100 W 的坐姿假人表面 $v_{d,h}$ 的模型模拟值与实测值如图 3.5 所示。$d_{p,a}$ 在 0.01～5 μm 范围内的颗粒物在散热量为 100 W 的坐姿假人

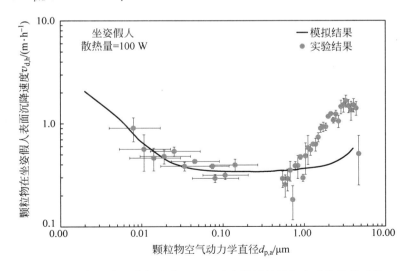

图 3.5　颗粒物在坐姿假人表面沉降速度模拟结果与实验结果的对比

表面的 $v_{d,h}$ 实测值为 $0.18 \sim 1.65$ m/h。对 $d_{p,a}$ 在 $0.01 \sim 0.2$ μm 范围内的颗粒物而言,其 $v_{d,h}$ 随着 $d_{p,a}$ 的增大而减小;而对 $d_{p,a}$ 在 $0.2 \sim 5$ μm 范围内的颗粒物而言,其 $v_{d,h}$ 随着 $d_{p,a}$ 的增大而增大。如图 3.5 中实线所示,$d_{p,a}$ 在 $0.01 \sim 5$ μm 范围内的颗粒物在散热量为 100 W 的坐姿假人表面的 $v_{d,h}$ 模拟值为 $0.34 \sim 0.98$ m/h。模拟结果与实验结果随 $d_{p,a}$ 的变化趋势一致。对于 $d_{p,a}$ 在 $0.01 \sim 0.2$ μm 范围内的颗粒物,$v_{d,h}$ 模拟结果与实验结果吻合良好。而 $d_{p,a}$ 大于 0.2 μm 的颗粒物的 $v_{d,h}$ 模拟值与实验值存在一定偏差,但两个结果的量级一致。这主要是因为在此研究中,为了利用模型模拟 $v_{d,h}$,将假人表面简化成一组平面的集合,这一简化可能会导致 $v_{d,h}$ 模拟结果与实验结果存在一定差异。对于 $d_{p,a}$ 较小的颗粒物,其主要的沉降机理为扩散,在具有不同倾角的表面的沉降速度差异不大。对于 $d_{p,a}$ 较大的颗粒物,其主要的沉降机理为重力沉降,在具有不同倾角的表面的沉降速度存在明显差异。因此,假人表面简化所引入的误差对大粒径颗粒物更为明显。此外,站姿假人的组成表面以接近竖直的表面(倾角为 90°)为主,而坐姿假人的组成表面以接近水平的表面(倾角为 0°或 180°)为主,颗粒物的重力沉降速度对接近水平的表面的倾角变化更为敏感。因此相比于站姿假人,对坐姿假人的简化可能会对 $v_{d,h}$ 的模拟值引入更大的误差。

3.3.3　模型应用

人体表面颗粒物沉降模型可以用来预测不同工况下颗粒物在人体表面的沉降速度。本节以几种典型暴露工况为例,说明人体表面颗粒物沉降模型的应用方法。模拟对象为过渡季、夏季和冬季中处于以自然通风为主要通风形式的住宅内的居民。模型应用主要分以下几步来完成。

(1) 人体表面摩擦速度(u^*)的计算

一般室内环境中的空气流速约为 0.15 m/s,因此研究工况下人体表面摩擦速度 u^* 根据这一速度值进行计算。过渡季、夏季和冬季的室内空气温度 t_a 和相应的人体表面温度 t_{sk} 根据已有文献中的实验结果进行确定[113]。各季节的室内温度未考虑空调和供暖的影响。根据确定的空气流速和相应温度下的空气参数,u^* 可以根据式(3-31)和式(3-32)进行计算,计算所需参数见表 3.4。

表 3.4　各模拟工况下对应输入参数

模拟工况	室内空气流速 u_∞/(m/s)	室内空气温度 t_a/℃	皮肤表面温度 t_{sk}/℃	空气密度 ρ_a/(kg/m³)	空气运动黏度 v/(m²/s)	摩擦速度 u^*/(m/s)
过渡季	0.15	22.1	31.3	1.2	1.53×10^{-5}	0.01
夏季	0.15	33.4	34.3	1.15	1.63×10^{-5}	0.01
冬季	0.15	10	31.4	1.25	1.42×10^{-5}	0.01

模拟工况	空气相对湿度 RH/%	空气中水蒸气分压 P_g/Pa	皮肤表面水蒸气分压 P_{sk}/Pa	扩散泳速度 v_{dif}/(m/s)	皮肤表面粗糙度 R_s/μm
过渡季	50	1.35	4.62	2.22×10^{-6}	182
夏季	50	2.6	5.38	1.76×10^{-6}	182
冬季	50	0.62	4.64	2.93×10^{-6}	182

（2）热泳速度（v_{th}）的计算

认为一般室内环境中人体表面空气流动为自然对流，由此可通过下式确定自然对流下人体表面对流传热系数 h_c：

$$h_c = 2.38(t_{sk} - t_a)^{0.25} \tag{3-36}$$

确定 h_c 后，人体表面温度梯度可由式（3-29）和式（3-36）进行计算。确定人体表面温度梯度后，v_{th} 可利用式（3-19）计算得出。v_{th} 计算所需参数见表 3.4。

（3）扩散泳速度（v_{dif}）的计算

人体皮肤表面的水蒸气分压梯度由皮肤表面的水蒸气分压和空气中的水蒸气分压（P_g，Pa）确定。考虑到目前尚无关于不同室内环境下人体皮肤表面水蒸气分压的较为全面的定量研究，作为简化，人体皮肤表面的饱和蒸气压（P_{sk}，Pa）被代入计算皮肤表面水蒸气分压梯度。基于这种简化，该模拟方法会略微高估颗粒物扩散泳速度对颗粒物在皮肤表面沉降的影响。根据已有研究，P_{sk} 与 t_{sk} 服从以下线性关系式[114]：

$$P_{sk} = 0.254 t_{sk} - 3.335 \tag{3-37}$$

P_g 由 t_a 和空气相对湿度（RH，%）确定，此处 RH 设为 50%，用来表示一个湿度相对适中的环境。假设在皮肤表面浓度边界层内，水蒸气分压随着距皮肤距离的增加而线性减小，皮肤表面边界层厚度可用式 $y = y^+ v/u^*$ 进行计算,此处 $y^+ = 30$[115]。因而皮肤表面水蒸气分压梯度可以用 P_{sk},P_g 及皮肤表面浓度边界层厚度进行计算。根据计算所得的皮肤表面水蒸气分压梯度,扩散泳力和斯蒂芬流综合作用下的颗粒物 v_{dif} 可由式(3-22)确定。v_{dif} 计算所需参数见表 3.4。

（4）确定皮肤粗糙度(R_s）

R_s 是确定颗粒物人体表面沉降模型边界条件的一个重要参数。对于真实人体,R_s 随着一些参数的变化而变化。Manuskiatti 等人对不同种族、不同年龄的实验对象的不同部位的 R_s 进行了实验测量[116]。该研究得到的 R_s 平均值被运用到本节的模型应用中。相关计算参数见表 3.4。

（5）模拟计算

确定了模拟工况下的 u^*,v_{th},v_{dif} 及 R_s 后,将以上参数代入式(3-24),利用 Maple 9.5 对式(3-24)进行求解,可得到相应模拟工况下具有人体皮肤表面性质的平面上颗粒物的沉降速度。结合简化的人体模型,利用式(3-33)即可得到模拟工况下人体表面颗粒物综合沉降速度 $v_{d.h}$。

本节模拟了过渡季、夏季及冬季工况下 d_p 在 0.01～10 μm 范围内的颗粒物在站姿和坐姿人体表面的沉降速度,如图 3.6 所示。可以看出,d_p 在 0.01～3 μm 的颗粒物在站姿和坐姿人体表面沉降速度的最大值均出现在夏季,中间值出现在过渡季,最小值出现在冬季。这主要是因为在所研究的暴露工况下,t_{sk} 高于 t_a,在此作用下颗粒物的 v_{th} 的方向是从皮肤指向空气的,因此热泳力对颗粒物在人体表面的沉降起削弱作用。空气和皮肤表面较大的温度差导致较大的皮肤表面温度梯度,从而导致了更大的 v_{th},也导致了相应工况下较小的 $v_{d.h}$。d_p 在 3～10 μm 的颗粒物不同季节的 $v_{d.h}$ 基本相等,这是因为热泳力对大粒径颗粒物的影响较小。在所研究的暴露工况下,d_p 在 0.01～0.2 μm 的颗粒物的 $v_{d.h}$ 随着 d_p 的增大而减小,d_p 在 0.2～10 μm 的颗粒物的 $v_{d.h}$ 随着 d_p 的增大而增大。当 $v_{d.h}$ 小于 1×10^{-5} m/h 时,可以认为其所导致的颗粒物沉降量足够小,可以忽略不计。站姿人体表面模拟所得的 $v_{d.h}$ 最大值是冬季工况下 d_p 为 10 μm 的颗粒物所对应的 1.40 m/h,最小值是夏季工况下 d_p 为 0.6 μm 的颗粒物所对应的 2.65×10^{-5} m/h。坐姿人体表面模拟所得的 $v_{d.h}$ 最大值是冬季工况下 d_p 为 10 μm 的颗粒物所对应的 2.15 m/h,最小值是夏季工况下 d_p 为 0.6 μm 的颗粒物所对应的 9.22×10^{-5} m/h。

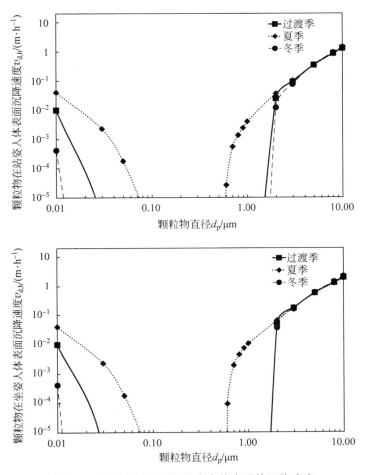

图 3.6　模拟工况下颗粒物在人体表面的沉降速度

3.4　SVOC 多相、多途径个体暴露模型案例应用

3.4.1　研究对象

本节以北京市城镇典型居民为研究对象,定义不同性别、不同年龄的典型"参考人",利用所建模型对"参考人"在典型暴露环境下对 SVOC 多相、多途径的个体暴露水平进行模拟研究。所研究的"参考人"包括典型成年男性、典型成年女性和典型成年人(性别平均)。此外,本节还对不同年龄段的"参考人"的 SVOC 个体暴露进行了模拟,所研究的年龄段包括:学龄前

（0～3 岁）、学龄（4～14 岁）、成年（15～64 岁）和老年（大于 64 岁）。各类"参考人"的暴露参数均为对应年龄、性别范围内按人口分布加权获得的平均水平。所研究的"参考人"均为非吸烟人群。在 USEPA 列出的 16 种需要优先控制的 PAHs 中，根据已有的中国住宅中的测试结果，Phe,Pyr,BaP 和 BghiP 分别是含有 3,4,5,6 个苯环的 PAHs 中室内气载相浓度最高的物质[18]，因此这几种物质被选为目标污染物。考虑到 DEHP 的广泛应用[117]和可能导致的健康危害，其被选为主要来源于室内的 SVOC 的代表物质，在此研究中设定室内乙烯基地板散发是 DEHP 的唯一来源。首先利用 3.2.1 节中建立的室内 SVOC 动力学传输模型计算模拟工况下室内 SVOC 分相逐时浓度，然后利用 3.2.2 节中的暴露计算模型估算参考人在模拟工况下的暴露水平。

3.4.2　输入参数

3.4.2.1　模拟工况

2.2.3 节建立的典型住宅在本节中继续被用作典型暴露室内环境，具体的住宅体形参数见表 3.5。

表 3.5　典型住宅建筑体形参数

地板面积/m²	65	窗户面积/m²	8
住宅高度/m	2.8	吸附面积（墙壁＋家具）/m²	332

在本节的暴露模拟计算中，室内、外温度按季节给定，北京市季节划分方式与 2.2.3 节一致。在过渡季时，自然通风是北京市住宅最为主要的通风方式，考虑到建筑围护结构的蓄热效应，设置过渡季的室内温度 $t_{in}=t_0+2$，其中 t_0 为过渡季室外季节平均温度。根据在 weather underground（http://www.wunderground.com）获得的北京市 2014 年时均气温，设定典型住宅春季 t_{in} 为 17℃，秋季 t_{in} 为 15℃。在夏季，根据我国政府给出的建议空调设定温度，设置 t_{in} 为 26℃。在冬季，根据北京市给出的住宅供暖温度要求，设置 t_{in} 为 20℃。

3.4.2.2　颗粒物动力学参数

为了细化颗粒物粒径分布对 SVOC 室内传输过程的影响，与第 2 章相比,此模型对 PM$_{10}$ 粒径范围内的颗粒物进行了进一步的粒径划分,基于细化的粒径区间进行颗粒物动力学参数的确定和模型模拟,然后结合颗粒物在 PM$_{2.5}$ 和 PM$_{10}$ 范围内的质量分布获得 PM$_{2.5}$ 和 PM$_{10}$ 的综合颗粒物动力学参数。为方便后续模型应用,本节将对颗粒物动力学特性参数在 PM$_{10}$ 范围内随粒径变化的经验公式进行一一确定。

(1) 颗粒物穿透系数(P_p)

Chen 和 Zhao[118] 研究总结了在实际建筑中 P_p 的实测值,包括 Chao[119]、Long 等人[93]、Thatcher 等人[120]、Vette 等人[121] 及 Zhu 等人[122] 所做的实验。本节综合了以上实验结果及 Chen 等人[61] 在办公室和学生宿舍中对 P_p 的实测结果,共获得了 292 组 d_p 在 0.006～9.647 μm 范围内的颗粒物 P_p 实测值,如图 3.7 所示。

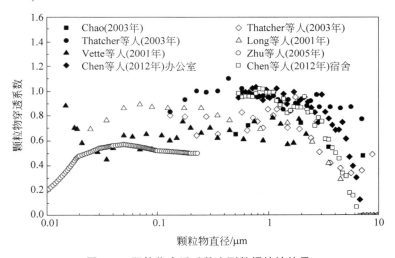

图 3.7　颗粒物穿透系数实测数据统计结果

利用多项式对以上散点进行拟合,可以获得计算 P_p 的经验公式。拟合通过 Origin 8.5.1 的 nonlinear curve fit 来完成,拟合结果相关系数 R^2 为 0.63,得到的 P_p 经验计算公式如下式所示:

$$P_p(d_p) = 5.54 \times 10^{-4} d_p^5 - 1.42 \times 10^{-2} d_p^4 + 1.34 \times 10^{-1} d_p^3 - 5.64 \times 10^{-1} d_p^2 + 9.10 \times 10^{-1} d_p + 0.45 \quad (3\text{-}38)$$

(2) 颗粒物室内综合沉降速度(v_d)

Thatcher 和 Layton[95]、Fogh 等人[123]、Thatcher 等人[94] 和 Chao[119] 对实际住宅中的 v_d 进行了实验研究。通过总结这些实验结果,可以获得 64 组

d_p 在 0.5～10 μm 范围内的颗粒物 v_d 实测值,如图 3.8 所示。

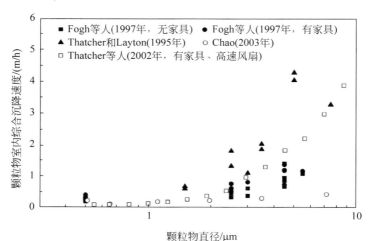

图 3.8　颗粒物室内综合沉降速度实测数据统计结果

利用多项式对以上散点进行拟合,可以获得计算 v_d 的经验公式。拟合通过 Origin 8.5.1 的 nonlinear curve fit 来完成,拟合结果相关系数 R^2 为 0.65,得到的 v_d 经验计算公式如下式所示:

$$v_d(d_p) = -1.82 \times 10^{-3} d_p^3 + 4.26 \times 10^{-2} d_p^2 + 1.28 \times 10^{-1} d_p + 0.125$$

$$(3\text{-}39)$$

(3)颗粒物在地板表面的沉降速度($v_{d.f}$)

利用 Zhao 和 Wu 的颗粒物沉降模型对模拟工况下的 $v_{d.f}$ 进行模拟确定[36]。

(4)颗粒物在人体表面的沉降速度($v_{d.h}$)

利用 3.3 节建立的人体表面颗粒物沉降模型对模拟工况下“参考人”表面的 $v_{d.h}$ 进行模拟确定。

(5)颗粒物再悬浮速率(R_p)

关于 R_p 在实际建筑中的实验研究并不多。Thacher 和 Layton[95]在加利福尼亚州的一户住宅中对不同 d_p 降尘的 R_p 进行了实测,可对此结果利用多项式进行拟合,以得到 R_p 的经验计算公式,如下式所示:

$$R_p(d_p) = 1.36 \times 10^{-6} d_p^2 - 2.16 \times 10^{-6} d_p + 8.90 \times 10^{-7} \qquad (3\text{-}40)$$

拟合通过 Origin 8.5.1 的 nonlinear curve fit 来完成,拟合结果相关系数 R^2 为 0.57。

（6）SVOC 分配系数

本节中，SVOC 的 K_{oa}，K_p，K_{dust} 及 K_{surf} 的确定方式与 2.3.2 节一致。在所研究的暴露环境中，目标污染物 Phe 和 Pyr 的 $K_{oa} < 10^8$，根据第 2 章所得结论，利用线性瞬态平衡模型对其室内分相浓度进行模拟。而目标污染物 BaP，BghiP 和 DEHP 的 $K_{oa} > 10^8$，因而利用 3.2 节建立的考虑了 SVOC 相间动态分配的室内动力学传输模型对其室内分相浓度进行求解。

3.4.2.3　室外污染物浓度

（1）室外颗粒物质量浓度（$C_{p,o}$）及颗粒物质量粒径分布

本节中的 $C_{p,o}$ 使用了北京市环境保护监测中心发布的北京市 2014 年大气 PM_{10} 逐时浓度，结合室外 PM_{10} 逐时浓度和室外颗粒物质量粒径分布即可计算获得北京市室外 $PM_{2.5}$ 逐时浓度。颗粒物质量粒径分布使用了 Sun 等人[124]对北京市各季节大气环境中悬浮颗粒物质量粒径分布的实测研究结果。

（2）室外气相及颗粒相 PAHs 分相浓度（$C_{s,o}$，$C_{sp,o}$）

本节中，$C_{p,o}$ 采用逐时浓度，为与此对应，也为了更加贴近实际情况，模拟时，$C_{s,o}$ 和 $C_{sp,o}$ 也应按照逐时浓度输入模型。然而现阶段对大气环境中的气相及颗粒相 PAHs 分相逐时浓度进行实测存在较大困难。因此，本节根据以下假设，基于逐时 $C_{p,o}$ 和通过文献调研获得的室外气载相 PAHs 的浓度（$C_{airborne}$ 为 $C_{s,o}$ 和 $C_{sp,o}$ 之和）季节平均值，推算得到室外 PAHs 的 $C_{s,o}$ 和 $C_{sp,o}$。假设一：与 2.2.3 节一致，颗粒相 PAHs 全部附着在 $PM_{2.5}$ 上。假设二：$PM_{2.5}$ 中 SVOC 质量分数维持不足，即 $C_{sp,o}$ 与 $C_{p,o}$ 呈正比例关系，如下式所示：

$$\frac{C_{sp,o,1}}{C_{sp,o,2}} = \frac{C_{p,o,2.5,1}}{C_{p,o,2.5,2}} \tag{3-41}$$

其中，$C_{p,o,2.5}$ 为室外 $PM_{2.5}$ 浓度。假设三：室外气相与颗粒相 PAHs 间达到平衡状态，因而 $C_{s,o}$ 与 $C_{sp,o}$ 间的关系可用下式表示：

$$C_{sp,o} = K_p C_{p,o,2.5} C_{s,o} \tag{3-42}$$

结合室外 $PM_{2.5}$ 逐时浓度及对应 PAHs 在相应环境下的 K_p，即可计算获得 $C_{s,o}$ 和 $C_{sp,o}$ 间的比值，进而可以计算得到逐时 $C_{airborne}$ 间的比值，如下式所示：

$$\frac{C_{airborne,o,1}}{C_{airborne,o,2}} = \frac{C_{sp,o,1} + C_{sp,o,1}/C_{p,o,1}K_{p,1}}{C_{sp,o,1} + C_{sp,o,1}/C_{p,o,1}K_{p,1}}$$

$$= \frac{C_{p,o,1} + 1/K_{p,1}}{C_{p,o,2} + 1/K_{p,2}} \tag{3-43}$$

2.4 节提到的 Zhou 和 Zhao[67] 总结得出的北京市室外 PAHs 的 $C_{airborne}$ 季节平均值被继续应用在本节。室外 PAHs 逐时 $C_{airborne}$ 可以结合室外 PAHs 的 $C_{airborne}$ 季节平均值和逐时 $C_{airborne}$ 间的比值来计算确定。计算得到逐时 $C_{airborne}$ 后，再根据式(3-42)即可计算获得 $C_{s,o}$ 和 $C_{sp,o}$ 的逐时值。

3.4.2.4　室内污染物源散发强度(S_p、S_s、S_{sp})

由于研究对象均为非吸烟人群，因此在本节中仅考虑室内烹饪活动为室内颗粒物散发源。根据 Buonanno 等人[125]对烹饪源的实验研究结果，设定烹饪源颗粒物散发强度 S_p 为 20 $\mu g/s$。同时，根据此研究中关于烹饪源产生颗粒物粒径分布的研究成果，在模拟中假定所有烹饪源产生的颗粒物 $d_p \leqslant 0.1$ μm。考虑到居民对抽油烟机的使用，根据文献结果设定抽油烟机对烹饪产生的颗粒物的去除效率为 50%[67]。

对 PAHs 而言，同样认为室内烹饪活动是其主要的室内散发源。Zhao 等人[126]对中式烹饪活动散发的颗粒物中几种 PAHs 的质量分数进行了实验确定，其中关于东北地区烹饪方式的研究结果被代入到本节的案例研究中，用来确定模拟工况下烹饪源的颗粒相 PAHs 散发强度 S_{sp}。此处同样认为烹饪源产生的颗粒相 PAHs 粒径均小于 0.1 μm。Li 等人[127]对中式烹饪散发的不同分子量的 PAHs 中气相 PAHs 和颗粒相 PAHs 的贡献比例进行了实验研究，根据此研究结果和前述确定的 S_{sp} 可计算得出烹饪源的气相 PAHs 散发强度 S_s。

根据一般城市居民的生活习惯，在本书中，工作日设定早餐和晚餐在住宅内烹饪，周末设定早餐、午餐和晚餐在住宅内烹饪。早餐、午餐和晚餐的餐均烹饪时长分别设置为 20 min，30 min 和 40 min。烹饪活动在工作日和休息日的时间分布情况如图 3.9 所示。

在本案例中，设定乙烯基地板散发为室内 DEHP 的主要来源。Xu 和 Little 曾对聚合材料的 DEHP 散发过程进行了研究[26]。根据他们的研究成果，室内乙烯基地板的 DEHP 源散发强度可用下式表示：

$$S_s = h_m A_f (C_{floor,0} - C_s) \tag{3-44}$$

其中，$C_{floor,0}$ 是紧邻乙烯基地板表面空气边界层内的 DEHP 浓度，在此设为 1.06 $\mu g/m^{3}$[26]。

3.4.2.5　开关窗行为模式及换气次数

与 2.2.3 节类似，本节设定住宅关窗情况下的渗风 AER_c 为 0.23 h^{-1}，

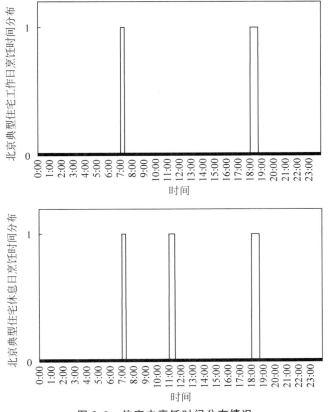

图 3.9　住宅内烹饪时间分布情况

开窗情况下的自然通风 AER。为 5 h^{-1}。

段晓丽等人开展的全国性居民暴露参数问卷调查[128]给出了我国北方地区城镇居民各季节日均开窗时间。根据调查结果,我国北方地区城镇住宅过渡季日均开窗时长为 333.6 min/d,夏季日均开窗时长为 741.3 min/d,冬季日均开窗时长为 137.3 min/d。该结果被应用在本节。关于开窗时间的分布,在过渡季和冬季,设定居民在烹饪时开窗。在夏季,考虑到白天室外气温较高,设定居民在晚间开窗,各季节的开窗时间分布如图 3.10 所示。

3.4.2.6　暴露参数

(1) 长期暴露呼吸速率(IR)

段晓丽给出了我国不同年龄段居民的 IR[128]。此数据结合北京市城镇居民年龄分布[58]即可计算获得各类"参考人"的 IR,见表 3.6。

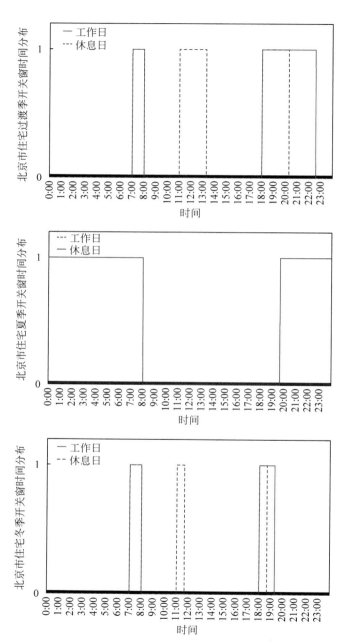

图 3.10   各季节住宅内开窗时间分布情况(见文前彩图)

表 3.6　各类"参考人"长期暴露呼吸速率　　　　m³/d

年　　龄	性 别 平 均	男　　性	女　　性
0～3 岁	5.6	5.3	5.9
4～14 岁	9.7	10.2	9.1
15～64 岁	12.8	13.8	11.7
＞64 岁	11.5	12.4	10.7
成人平均	12.7	13.6	11.6

（2）皮肤表面积（SA）

根据段晓丽给出的我国不同年龄段居民的 SA[128] 及北京市城镇居民年龄分布[58]，可计算获得各类"参考人"的 SA，见表 3.7。

表 3.7　各类"参考人"皮肤表面积　　　　m²

年　　龄	性 别 平 均	男　　性	女　　性
0～3 岁	0.459	0.468	0.45
4～14 岁	1.098	1.105	1.09
15～64 岁	1.683	1.773	1.586
＞64 岁	1.622	1.714	1.54
成人平均	1.683	1.775	1.585

在本节中，假设人体皮肤与空气接触的比例（f_{SA}）为 100%，即人体和气载相 SVOC 的接触不受衣物的影响。衣物对人体 SVOC 皮肤暴露的影响将在下节进行讨论。

（3）体重（BW）

根据国家体育总局等 10 个部门在 2010 年进行的国民体质监测中获得的不同年龄段城镇居民的体重，结合北京市城镇居民的年龄分布[58]，可计算获得各类"参考人"的体重，见表 3.8。

表 3.8　各类"参考人"体重　　　　kg

年　　龄	性 别 平 均	男　　性	女　　性
0～3 岁	12.6	12.9	12.2
4～14 岁	33.9	34.8	32.6
15～64 岁	62.5	68.0	56.5
＞64 岁	56.5	60.6	52.8
成人平均	62.7	67.9	56.4

（4）降尘摄入量（DI）

目前我国尚没有关于 DI 的系统研究成果。根据美国暴露参数手册给出的儿童和成年居民 DI[99]，结合北京市城镇居民的年龄分布[58]，可得出各类"参考人"的 DI，见表 3.9。此处不考虑 DI 在不同性别间的差异。

表 3.9　各类"参考人"降尘摄入量　　　　　mg/d

年　　　龄	性 别 平 均	年　　　龄	性 别 平 均
0～3 岁	30	＞64 岁	30
4～14 岁	60	成人平均	30
15～64 岁	32		

（5）居民活动行为模式

居民活动行为模式描述了居民在室内和室外环境中的时间分配情况。段晓丽的全国居民暴露参数调查给出了 18 岁以上成年居民的活动行为模式[128]，因此本案例中大于 18 岁的"参考人"的活动行为模式可结合调查结果和北京市城镇居民年龄分布[58]计算获得。对于目标人群中的学龄前"参考人"，目前尚缺乏活动行为模式的研究结果。在此假设学龄前"参考人"每日室外活动时间为 2 h。对于目标人群中的学龄"参考人"，根据日本的活动行为模式研究，学龄儿童的活动行为模式与成人相似，因此在此假设学龄"参考人"的活动行为模式与成人"参考人"一致。计算得出的各类"参考人"的活动行为模式见表 3.10。

表 3.10　各类"参考人"日均室外活动时间　　　　　min/d

年　　　龄	性 别 平 均	男　　　性	女　　　性
0～3 岁	120	120	120
4～14 岁	220.4	229.8	214.1
15～64 岁	220.4	229.8	214.1
＞64 岁	204.9	216.7	197.5
平均	218.8	228.5	211.9

除以上参数外，h_{mp} 确定方式与 2.2.3 节一致。h_{md}，f_{om}，ρ_p 及 CF 的设定与 2.3.2 节一致。

3.4.3　结果与分析

3.4.3.1　室内 SVOC 分相浓度计算结果

模拟所得目标 SVOC 室内气载相浓度时均值与文献中实测结果对比

见表 3.11。

表 3.11　目标 SVOC 室内气载相浓度

			Phe	Pyr	BaP	BghiP	DEHP
本书模拟结果（时均浓度）	气相浓度 C_s/(ng/m^3)		88.1	39.3	7.29	5.16	84.6
	颗粒相浓度 C_{sp}/(ng/m^3)		0.06	0.05	1.51	3.4	813
	气载相浓度 $C_{airborne}$/(ng/m^3)		88.2	39.4	8.8	8.6	897.6
Zhu 等[18]	气载相浓度 $C_{airborne}$/(ng/m^3)	最小值	21.1	3.04	0.109	0.163	—
		最大值	2103	126	12.4	10.5	—
Lv 等[129]	气载相浓度 $C_{airborne}$/(ng/m^3)	最小值	135.2	3.6	7.7	13.8	—
		最大值	963.4	272.6	380.3	442	—
Fromme 等[6]	气载相浓度 $C_{airborne}$/(ng/m^3)	最小值					11.8
		最大值					1660

　　从表 3.11 可以看出，模拟所得的北京市典型住宅中 PAHs 室内 $C_{airborne}$ 时均值在 Zhu 等人[18]实验所得的杭州民居中 PAHs 浓度水平与 Lv 等人[129]实验测得的宣威和富源地区的室内 PAHs 浓度水平所形成的参考范围内，说明输入参数设置合理，模拟结果可在一定程度上反映真实情况下室内 PAHs 浓度水平。

　　对于同时具有室外和室内来源的 PAHs（以 Phe 和 BaP 为例），其室内气相和颗粒相日均浓度变化曲线如图 3.11 所示。对于室内环境中 $K_{oa} <$ 10^8 的 PAHs，模拟所得的 Phe 室内 $C_{airborne}$ 日均值在 $25.7 \sim 350$ ng/m^3 之间变化，模拟所得的 Pyr 室内 $C_{airborne}$ 日均值在 $8.76 \sim 109$ ng/m^3 之间变化。这两种 PAHs 的室内 $C_{airborne}$ 均在冬季具有最高值，在其他季节间没有明显的变化趋势，这一季节变化特点和其大气浓度季节变化特征一致。由于这两种 PAHs 在模拟工况下分配系数较小，其在室内环境中主要以气相形式存在。对于室内环境中 $10^8 < K_{oa} < 10^{12}$ 的 SVOC，模拟所得的 BaP 室内 $C_{airborne}$ 日均值在 $1.08 \sim 35.8$ ng/m^3 之间变化，模拟所得的 BghiP 室内 $C_{airborne}$ 日均值在 $1.18 \sim 48.3$ ng/m^3 之间变化。这两种 PAHs 的室内 $C_{airborne}$ 在冬季具有最高值，在夏季具有最低值，和相应的大气浓度季节变化特征一致。这两种 PAHs 在室内环境中的 C_s 和 C_{sp} 量级相当。

　　对于仅有室内来源的 DEHP，其室内气相和颗粒相日均浓度变化曲线如图 3.12 所示。模拟所得的 DEHP 室内 $C_{airborne}$ 日均值在 $239 \sim 1990$ ng/m^3 之间变化。Kanazawa 等人[78]在 2006—2007 年实测了日本札幌地区独立住宅中室内 DEHP 的浓度水平。根据他们的实测结果，室内 DEHP 的气载相浓度在 $11.8 \sim 1660$ ng/m^3 之间变化。此外，Fromme 等人[6]研究了柏

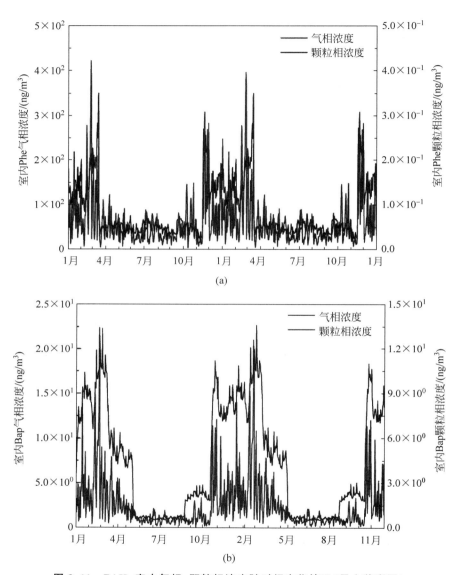

图 3.11　PAHs 室内气相、颗粒相浓度随时间变化情况(见文前彩图)
(a) Phe；(b) BaP

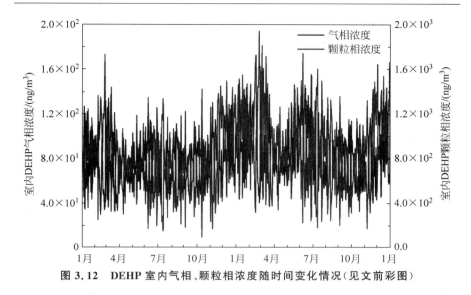

图 3.12　DEHP 室内气相、颗粒相浓度随时间变化情况(见文前彩图)

林地区公寓及幼儿园中的持续性环境污染物。根据他们的实测结果,所测公寓中 DEHP 的气载相浓度平均值为 191 ng/m³,最大值为 615 ng/m³。在本节中,模拟所得的室内 DEHP 气载相浓度时均值为 897 ng/m³,和已有的实验研究结果处于同一量级。如图 3.12 所示,室内 DEHP 的 C_s 和 C_{sp} 在冬季较高,夏季较低,这是因为在冬季开窗时间较短,住宅通风情况较差,不利于引入新风稀释室内的 DEHP 污染;而夏季有着较长的开窗时间,对应较大的平均换气次数,有利于室内 DEHP 的排出。

　　与前述 PAHs 相比,DEHP 具有更大的气相-吸附相分配系数,其室内环境中 $K_{oa} > 10^{13}$。然而模拟得到的室内 DEHP 的 C_s 和 C_{sp} 量级接近,C_s 平均值为 84.6 ng/m³,而 C_{sp} 平均值为 813 ng/m³。这是因为在本节的模拟工况下,乙烯基地板散发是室内唯一的 DEHP 来源。气相 DEHP 从地板中逸散发出后与室内的悬浮颗粒物、降尘及家具表面进行动态分配。根据 Weschler 和 Nazaroff 的估算[1],对于不易挥发的 SVOC(如 DEHP),其气相形式与粒径为 1 μm 的颗粒物进行分配并达到相间平衡状态需要的时间在一天以上。而在室内环境中,颗粒物的停留时间由颗粒物动力学特性和建筑通风的综合作用决定。对于模拟工况,颗粒物在室内的停留时间远远短于 DEHP 相间分配平衡时间。在这种情况下,气相 DEHP 没有充分的时间和悬浮颗粒物发生反应。因此,动态分配模型估算的室内 DEHP 气相和颗粒相浓度比要远大于相间平衡状态。

目标 SVOC 室内 X_{dust} 平均值及与文献值的对比见表 3.12。

表 3.12   目标 SVOC 室内降尘相浓度

降尘相浓度 $X_{dust}/(\mu g/g)$		Phe	Pyr	BaP	BghiP	DEHP
本书模拟结果（时均浓度）		1.28	0.95	15.7	30.5	900
Qi 等人[130]	最小值	0.196	0.047	0.014	0.018	
	最大值	38.7	32.2	41.3	57.1	
Guo 和 Kanan[131]	最小值					9.9
	最大值					8400

从表 3.12 可以看出，模拟所得的北京市典型住宅中 PAHs 的 X_{dust} 平均值在 Qi 等人[130] 给出的中国城镇住宅中 PAHs 的 X_{dust} 实测水平范围内，模拟所得的北京市典型住宅中 DEHP 的 X_{dust} 平均值在 Guo 和 Kanan[131] 关于中国六城市住宅中 DEHP 的 X_{dust} 实测水平范围内。

PAHs（以 Phe 为例）和 DEHP 的室内 X_{dust} 日均浓度变化曲线如图 3.13 所示。由图 3.13 可以看出，Phe 的室内 X_{dust} 与其 C_{sp} 具有相似的季节变化趋势，除此以外，Phe 的室内 X_{dust} 自身还具有由清扫活动引起的周期性变化。DEHP 的 X_{dust} 除了与 C_{sp} 具有类似的季节变化趋势之外，还具有更为明显的由清扫活动引起的周期性变化，且与气载相相比，降尘相 DEHP 在冬季和夏季间的季节性差异更为明显。

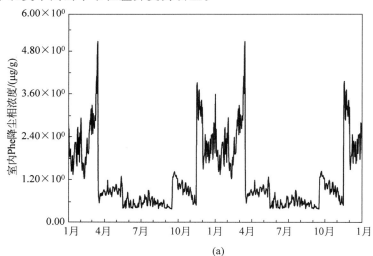

(a)

图 3.13   SVOC 室内降尘相浓度随时间变化情况
（a）Phe；（b）BaP

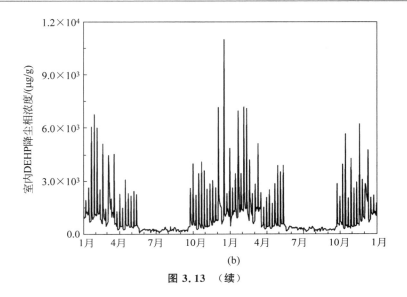

图 3.13　（续）

3.4.3.2　暴露计算结果

　　本节定义人体在室外和室内环境中对气相、颗粒相 SVOC 的呼吸暴露量，对气相、颗粒相 SVOC 的皮肤暴露量及在室内环境中对降尘相 SVOC 的摄入暴露量之和为环境暴露量。不同年龄段"参考人"的 SVOC 环境暴露量计算结果如图 3.14 所示。

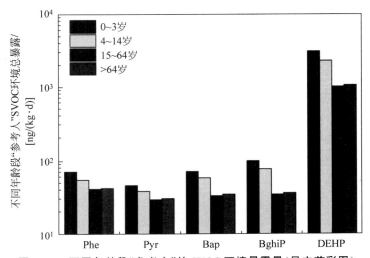

图 3.14　不同年龄段"参考人"的 SVOC 环境暴露量（见文前彩图）

由图 3.14 可以看出，对同一目标 SVOC，学龄前"参考人"具有最高的环境暴露量。例如，学龄前"参考人"对致癌物质 BaP 的环境暴露量（72.1 ng/(kg·d)）是成年"参考人"（33.6 ng/(kg·d)）的两倍多。学龄前儿童具有较小的呼吸速率、皮肤表面积及体重。虽然较小的呼吸速率及皮肤表面积会导致较小的气载相 SVOC 接触量，然而学龄前儿童体重远低于成年人，导致了其较大的单位体重环境暴露量。考虑到儿童对空气污染物更为敏感，相关控制策略应该更加注重对儿童的保护。

成年"参考人"对目标 SVOC 的分相、分途径暴露量及总环境暴露量见表 3.13。可以看出，成年"参考人"对 DEHP 具有最高的环境暴露量，为 987.6 ng/(kg·d)，对 Pyr 具有最低的环境暴露量，为 29.6 ng/(kg·d)。成年女性的 SVOC 环境暴露量要略高于性别平均值，而成年男性的环境暴露量要略低于性别平均值。男性的长期呼吸速率比女性的高 17%，男性的平均皮肤表面积比女性的高 12%，虽然较大的呼吸速率和皮肤表面积会导致男性通过呼吸和皮肤途径接触到更多的 SVOC，但由于男性的体重大于女性，因而男性单位体重的 SVOC 环境暴露量要低于女性。

由表 3.13 还可以看出，对于不同的目标 SVOC，不同暴露途径的暴露量对成年"参考人"环境暴露量的贡献不同。对于 $K_{oa} < 10^8$ 的目标 SVOC（即 Phe 和 Pyr），人体对气相的呼吸暴露量及皮肤暴露量是环境暴露量的重要组成部分。成年"参考人"对气相 Phe 的呼吸暴露占其环境暴露量的 47.6%，对气相 Phe 的皮肤暴露占其环境暴露量的 50.7%。对 Pyr 而言，成年"参考人"对气相 Pyr 的呼吸暴露占其环境暴露量的 31.1%，对气相 Pyr 的皮肤暴露占其环境暴露量的 67.2%。对于 K_{oa} 稍大的 BaP，气相的皮肤暴露在环境暴露量中的占比进一步增大，占环境暴露量的 70% 左右，为主要暴露途径。随着 K_{oa} 的进一步增大，X_{dust} 增大，对降尘相的摄入暴露逐渐成为主要的暴露途径。对 BghiP 而言，成年"参考人"对气相 BghiP 的皮肤暴露占其环境暴露量的 48.3%，对降尘相 BghiP 的摄入暴露占其环境暴露量的 42.9%。对于分配系数较大的 SVOC，其降尘相浓度相较于小分配系数的 SVOC 更高，因此对降尘相的摄入暴露逐渐成为主要的暴露途径。DEHP 是所有目标 SVOC 中 K_{oa} 最大的物质，其在室内空气中主要存在于颗粒相中，因而人体对颗粒相 DEHP 的呼吸暴露和皮肤暴露的重要性显著增加。各暴露途径对 DEHP 环境暴露的贡献如下：降尘相 DEHP 的摄入暴露占 43.6%，气相 DEHP 的呼吸暴露占 1.6%，气相 DEHP 的皮肤

表 3.13　成年"参考人"对目标 SVOC 的环境暴露量

ng/(kg·d)

物质		气相呼吸暴露量 Exposure$_{I,s}$	颗粒相呼吸暴露量 Exposure$_{I,sp}$	气相皮肤暴露量 Exposure$_{D,s}$	颗粒相皮肤暴露量 Exposure$_{D,sp}$	降尘相摄入暴露量 Exposure$_o$	总计
Phe	男性	19.5	0.04	20.4	0.03	0.6	40.6
	女性	19.9	0.04	21.8	0.03	0.7	42.5
	性别平均	19.6	0.04	20.9	0.03	0.6	41.2
Pyr	男性	9.1	0.01	19.5	0.01	0.4	29.1
	女性	9.3	0.01	20.8	0.01	0.5	30.6
	性别平均	9.2	0.01	19.9	0.01	0.5	29.6
BaP	男性	1.6	0.5	22.4	0.4	6.9	31.9
	女性	1.6	0.5	23.9	0.5	8.4	34.9
	性别平均	1.6	0.5	22.9	0.4	7.5	33.0
BghiP	男性	1.1	1.0	16.0	0.9	13.5	32.5
	女性	1.1	1.0	17.2	0.9	16.2	36.4
	性别平均	1.1	1.0	16.4	0.9	14.6	34.0
DEHP	男性	14.3	136.9	256.8	132.2	397.8	938.1
	女性	14.8	142.5	279.9	144.1	478.9	1060.3
	性别平均	14.5	139.6	265.8	136.9	430.8	987.6

暴露占 26.9%，颗粒相 DEHP 的呼吸暴露占 14.1%，颗粒相 DEHP 的皮肤暴露占 13.8%。

不同年龄段的"参考人"通过不同暴露途径造成的 SVOC 暴露量如图 3.15 所示。由图 3.15 可以看出，不同年龄段的"参考人"通过不同暴露途径造成的 PAHs 暴露量对 PAHs 环境暴露量的贡献略有不同。学龄前"参考人"及学龄"参考人"对分配系数较大的降尘相 PAHs 的摄入暴露对环境暴露量的贡献要明显大于成年人。对于 DEHP，不同暴露途径对环境暴露的贡献对不同年龄段的"参考人"大体相同。综上考虑，控制降尘相 SVOC 的摄入暴露是儿童防护的重点。

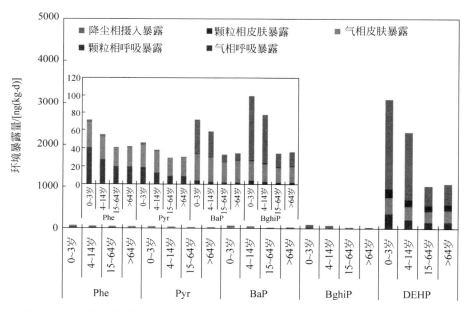

图 3.15　不同年龄"参考人"通过不同暴露途径造成的 PAHs 暴露量（见文前彩图）

将本书中 PAHs 的人体暴露估算结果和已有研究中的相关结果进行比较。Menzie 等人估算了人体通过空气、食物和水对 8 种致癌的 PAHs（包括 BaP 及 BghiP）的暴露量[73]。根据他们的估算，人体对致癌性 PAHs 的呼吸暴露量为 20～3000 ng/d。根据本书的模拟结果，成年"参考人"对气载相 BaP 和 BghiP 的呼吸暴露量的和为 263 ng/d。根据 Zhu 等人在中国住宅室内 PAHs 的 $C_{airborne}$ 实测结果[18]，BaP 和 BghiP 的 $C_{airborne}$ 占致癌性 PAHs 的总 $C_{airborne}$ 的 4%～24%。结合这一比例可以估算出本书中对应的 8 种致癌性 PAHs 的呼吸暴露量为 $1096\sim6575$ ng/d,量级与 Menzie 的结果一致,数值大于 Menzie 的结果,这可能是由模拟工况下北京地区大气环境中气载相 PAHs 浓度水平高于 Menzie 研究中浓度水平导致的。

本书中对皮肤暴露的估计是建立在"参考人"的皮肤完全暴露在空气中的假设之上的。然而衣物对皮肤暴露是一个重要的影响因素。衣物对 SVOC 的皮肤暴露的影响与 SVOC 的性质、衣物的材料及衣物的穿着状态有很大关系。Morrison 等人通过实验的方法研究了衣物对两种邻苯二甲酸盐——邻苯二甲酸二乙酯(diethy lphthalate,DEP)及邻苯二甲酸二正丁酯(di-n-butylphthalate,DnBP)的皮肤暴露的影响[132]。在实验中,将着干净全棉服装(干净服装)的人体及着在实验舱中暴露于目标污染物 9 天后的全棉服装(暴露后服装)的人体分别置于已知背景目标污染物浓度的实验舱中,并将人体的呼吸导出以排除呼吸暴露的影响。然后通过测量尿液中生物标记物浓度水平的方法分别确定着干净服装的人体及着暴露后服装的人体的 SVOC 皮肤暴露量,而后将这两种工况下的人体皮肤暴露水平与相同暴露环境下裸体人体对目标污染物的皮肤暴露量进行比较。实验发现,干净的服装对人体的 SVOC 皮肤暴露有一定的阻隔作用。对 DEP 而言,与人体皮肤直接接触相比,干净的服装可以阻隔 66% 的皮肤暴露量;而对于 DnBP,与人体皮肤直接接触相比,干净的服装可以阻隔 83% 的皮肤暴露量。暴露后的服装对人体的 SVOC 皮肤暴露有加剧作用。对 DEP 而言,与人体皮肤直接接触相比,暴露后的服装可增大 2.7 倍的皮肤暴露量;而对于 DnBP,与人体皮肤直接接触相比,暴露后的服装可增大 5.5 倍的皮肤暴露量。考虑到 DEHP,DEP 和 DnBP 均为邻苯二甲酸盐,作为估算,取 DnBP 的衣物作用实验结果,同时考虑不同季节我国居民人体皮肤表面中直接与空气接触的比例 f_{SA}[128],对本书中 DEHP 的成年"参考人"暴露量进行初步修正,计算结果见表 3.14。

表 3.14　不同着装成年"参考人"对 DEHP 的环境暴露量

ng/(kg·d)

	气相呼吸暴露量 $Exposure_{i,s}$	颗粒相呼吸暴露量 $Exposure_{i,sp}$	气相皮肤暴露量 $Exposure_{D,s}$	颗粒相皮肤暴露量 $Exposure_{D,sp}$	降尘相摄入暴露量 $Exposure_{o}$	总计
直接皮肤接触	14.5	139.6	265.8	136.9	430.8	987.6
着干净服装	14.5	139.6	75.1	39.4	430.8	699.4
着暴露后服装	14.5	139.6	1529.9	782.8	430.8	2897.6

从表 3.14 可以看出,着干净服装可以减小近 30％的 DEHP 环境暴露量。同时由于皮肤暴露量的减少,对颗粒相的呼吸暴露成为仅次于对降尘相的摄入暴露的主要暴露途径。而着暴露后的服装会增加近两倍的 DEHP 环境暴露量,同时对气相的皮肤暴露超过对降尘相的摄入暴露成为最主要的暴露途径。由此可以看出,着装对 SVOC 的环境暴露具有重要的影响。当前估算只是基于 DnBP 实验结果的一个初步结论,关于衣物对 SVOC 皮肤暴露的影响仍有待系统、深入地研究。

3.5 小   结

本章的主要研究成果如下:

(1) 建立了 SVOC 多相、多途径个体暴露模型。模型从室内 SVOC 分相浓度估算出发,可用来估算个体对气相、颗粒相 SVOC 的呼吸暴露,对气相、颗粒相 SVOC 的皮肤暴露及对降尘相 SVOC 的摄入暴露。基于第 2 章的结论,对 $K_{oa} < 10^8$ 的 SVOC,利用线性瞬态平衡模型模拟 SVOC 室内分相浓度并进行后续暴露计算;对 $K_{oa} > 10^8$ 的 SVOC,利用多相 SVOC 动态分配模型模拟 SVOC 室内分相浓度并进行后续暴露计算。

(2) 为完善由于颗粒相 SVOC 在人体表面沉降所造成的皮肤暴露途径,本章建立了人体表面颗粒物沉降模型并将其用于模拟颗粒物在人体表面的沉降速度。该模型综合考虑了人体表面热泳力、扩散泳力及人体表面形状对颗粒物沉降的影响。模型对细颗粒物的模拟结果与实验结果基本吻合,对粗颗粒物的模拟结果与实测结果在同一量级范围内存在偏差。该偏差可能是由对假人表面形状简化不够合理导致的,可以通过在后期借助工具对假人表面进行合理简化而减小。模型可用来模拟不同工况下颗粒物在人体表面的沉降速度。对应工作发表于 *Aerosol Science and Technology* (2013,47(12):1363-1373)。

(3) 应用 SVOC 分相、分途径个体暴露模型对北京市典型居民对几种常见 SVOC 的暴露进行了模拟分析。结果发现学龄前儿童 SVOC 环境暴露量可达成人的两倍以上,成年女性 SVOC 环境暴露量略大于成年男性。对于成年人,对于 K_{oa} 较小的 SVOC,气相呼吸暴露和气相皮肤暴露是主要的暴露途径。随着 K_{oa} 的增大,降尘相 SVOC 的摄入暴露、颗粒相 SVOC 的呼吸暴露和皮肤暴露的重要性逐渐增加。和成人相比,降尘相 SVOC 的摄入暴露是儿童环境暴露的主要暴露途径。以上工作发表于 *Environmental Science and Technology* (2014,48:5691-5699)。

第4章 SVOC多相、多途径人群暴露分布模型的研究

4.1 引　　论

个体对SVOC多相、多途径的暴露随着个体暴露参数、暴露环境的不同而不同。通常流行病学和环境健康研究更加关注的是人群的暴露水平而不是个体的暴露量。人群的暴露分布既能体现个体间的暴露差异,又能体现整体的暴露水平,是制定相关政策不可或缺的重要参考信息。建立了SVOC多相、多途径个体暴露模型之后,在此基础上即可建立SVOC多相、多途径人群暴露分布模型,对目标人群的SVOC暴露分布情况进行模拟研究。

本章的研究将从以下几方面展开：①基于蒙特卡罗方法建立从估算浓度出发的SVOC多相、多途径人群暴露分布模型;②基于实验和模拟方法,研究模型中关键输入参数——住宅渗风换气次数、开关窗行为模式的分布情况,为SVOC多相、多途径人群暴露分布模型的应用提供数据基础;③利用建立的SVOC多相、多途径人群暴露分布模型对实际案例进行分析,模拟北京市成年居民对几种室内常见SVOC的人群暴露分布水平。本章的研究内容如图4.1所示：

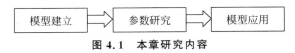

图 4.1　本章研究内容

4.2 模型建立

为考虑不同个体间SVOC暴露的变异性,采用蒙特卡罗方法建立SVOC多相、多途径人群暴露分布模型。在蒙特卡罗方法中,首先确定所有输入参数,输入参数分为分布参数和固定参数。分布参数体现了输入参数在目标人群中的分布情况。给出输入参数中分布参数的人群分布情况,接

着产生虚拟个体,对于每个虚拟个体,按照参数分布产生随机数,为个体进行赋值,而后将固定参数和产生的随机参数输入目标量的计算模型,即可得到个体的模拟结果。如此循环多次,即可得到目标量的人群分布水平。

SVOC 多相、多途径人群暴露分布模型的基本框架如图 4.2 所示。首先对模型的输入参数进行分类,对于输入参数中的分布参数,确定其在目标人群中的分布情况,这一分布可能是正态分布、对数正态分布、其他参数分布或经验分布。接着随机产生一个虚拟的住宅环境,并产生一个和此微环境对应的虚拟个体,虚拟个体的暴露微环境包括该住宅环境及室外环境。通过判断微环境的通风模式和目标 SVOC 的 K_{oa} 大小来选择合适的室内 SVOC 分相浓度计算模型。浓度计算模型中涉及的分布输入参数按其人群分布产生随机样本,输入浓度计算模型中,以模拟该虚拟住宅环境中的 SVOC 分相逐时浓度。随后,将暴露计算模型中涉及的分布暴露参数也按照其人群分布产生随机样本,作为前述虚拟个体的暴露参数,输入暴露计算模型中,同时结合计算得到的该虚拟个体对应虚拟住宅环境中的 SVOC 分相浓度模拟其对分相 SVOC 的分途径暴露。将此过程循环 N 次,即可获得 N 个样本的 SVOC 分相、分途径暴露量。对这 N 个样本的暴露计算结果进行统计分析,即可获得目标人群的 SVOC 分相、分途径人群暴露分布情况。

4.2.1 浓度计算模型

在 SVOC 分相、分途径人群暴露分布模型中,首先要利用室内 SVOC 分相浓度计算模型对室内 SVOC 分相浓度进行模拟。根据目标 SVOC 的 K_{oa} 大小及模拟建筑的通风模式,有不同的室内 SVOC 分相浓度计算模型,需要根据实际的研究对象来进行选择。

4.2.1.1 自然通风模式建筑

当目标 SVOC 在模拟环境中的 $K_{oa} < 10^8$ 时,自然通风建筑室内基于线性瞬态平衡模型的 SVOC 分相浓度计算模型如下所示:

$$V \frac{\mathrm{d}C_p}{\mathrm{d}t} = Q_n(P_p C_{p,o} - C_p) - v_d A C_p + R_p M_D A_f + S_p \tag{4-1}$$

$$\frac{\mathrm{d}M_D}{\mathrm{d}t} = v_{d,f} C_p - R_p M_D \tag{4-2}$$

$$V \left(\frac{\mathrm{d}C_s}{\mathrm{d}t} + \frac{\mathrm{d}C_{sp}}{\mathrm{d}t} \right) + A_{sorp} \frac{\mathrm{d}C_{surf}}{\mathrm{d}t} + A_f \frac{\mathrm{d}(M_D X_{dust})}{\mathrm{d}t}$$
$$= Q_n(C_{s,o} + C_{sp,o} - C_s - C_{sp}) + S_s + S_{sp} \tag{4-3}$$

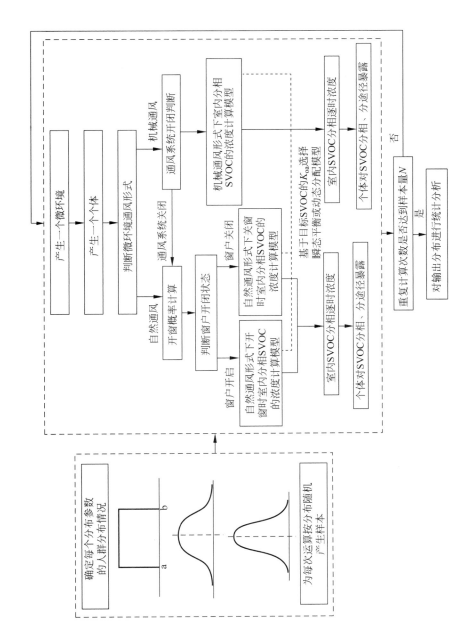

图 4.2　SVOC 多相、多途径人群暴露分布模型基本框架

$$C_{sp} = K_p C_p C_s \tag{4-4}$$

$$C_{surf} = K_{surf} C_s \tag{4-5}$$

$$X_{dust} = K_{dust} C_s \tag{4-6}$$

当目标 SVOC 在模拟环境中的 $K_{oa} > 10^8$ 时，自然通风建筑室内基于相间动态分配模型的 SVOC 分相浓度计算模型如下所示：

$$V\frac{dC_p}{dt} = Q_n(P_p C_{p,o} - C_p) - v_d A C_p + R_p M_D A_f + S_p \tag{4-7}$$

$$\frac{dM_D}{dt} = v_{d,f} C_p - R_p M_D \tag{4-8}$$

$$V\frac{dC_s}{dt} = Q_n(C_{s,o} - C_s) + S_s -$$

$$Vh_{mp} A_p N_{pn}(C_s - C_{0,sp}) - A_{sorp} h_m \left(C_s - \frac{C_{surf}}{K_{surf}}\right) - A_f h_{md} A_d N_{dn}\left(C_s - \frac{X_{dust}}{K_{dust}}\right) \tag{4-9}$$

$$V\frac{dC_{sp}}{dt} = Q_n(C_{sp,o} - C_{sp}) + S_{sp} + Vh_{mp} A_p N_{pn}(C_s - C_{0,sp}) +$$

$$A_f R_p M_D X_{dust} - v_d A C_{sp} \tag{4-10}$$

$$\frac{dC_{surf}}{dt} = h_m\left(C_s - \frac{C_{surf}}{K_{surf}}\right) \tag{4-11}$$

$$\frac{d(M_D X_{dust})}{dt} = h_{md} A_d N_{dn}\left(C_s - \frac{X_{dust}}{K_{dust}}\right) + v_{d,f} C_{sp} - R_p M_D X_{dust} \tag{4-12}$$

对于以上模型，开窗时间段内方程中的 P_p 均等于 1。

4.2.1.2 机械通风模式建筑

当目标 SVOC 在模拟环境中的 $K_{oa} < 10^8$ 时，机械通风建筑室内基于线性瞬态平衡模型的 SVOC 分相浓度计算模型如下所示：

$$V\frac{dC_p}{dt} = Q_n(P_p C_{p,o} - C_p) + Q_f\left[(1 - \eta_f)C_{p,o} - C_p\right] -$$

$$Q_r \eta_r C_p - v_d A C_p + R_p M_D A_f + S_p \tag{4-13}$$

$$\frac{dM_D}{dt} = v_{d,f} C_p - R_p M_D \tag{4-14}$$

$$V\left(\frac{dC_s}{dt} + \frac{dC_{sp}}{dt}\right) + A_{sorp}\frac{dC_{surf}}{dt} + A_f\frac{d(M_D X_{dust})}{dt}$$

$$= Q_n(C_{s,o} + P_p C_{sp,o} - C_s - C_{sp}) + Q_f[C_{s,o} +$$

$$(1 - \eta_f)C_{sp,o} - C_s - C_{sp}] - Q_r \eta_r C_{sp} + S_s + S_{sp} \tag{4-15}$$

$$C_{sp} = K_p C_p C_s \tag{4-16}$$

$$C_{surf} = K_{surf} C_s \tag{4-17}$$

$$X_{dust} = K_{dust} C_s \tag{4-18}$$

当目标 SVOC 在模拟环境中的 $K_{oa} > 10^8$ 时,机械通风建筑室内基于相间动态分配模型的 SVOC 分相浓度计算模型如下所示:

$$V\frac{dC_p}{dt} = Q_n(P_p C_{p,o} - C_p) + Q_f[(1 - \eta_f)C_{p,o} - C_p] -$$

$$Q_r \eta_r C_p - v_d A C_p + R_p M_D A_f + S_p \tag{4-19}$$

$$\frac{dM_D}{dt} = v_{d,f} C_p - R_p M_D \tag{4-20}$$

$$V\frac{dC_s}{dt} = (Q_n + Q_f)(C_{s,o} - C_s) + S_s - V h_{mp} A_p N_{pn}(C_s - C_{0,sp}) -$$

$$A_{sorp} h_m\left(C_s - \frac{C_{surf}}{K_{surf}}\right) - A_f h_{md} A_d N_{dn}\left(C_s - \frac{X_{dust}}{K_{dust}}\right) \tag{4-21}$$

$$V\frac{dC_{sp}}{dt} = Q_n(P_p C_{sp,o} - C_{sp}) + Q_f[(1 - \eta_f)C_{sp,o} - C_{sp}] - Q_r \eta_r C_{sp} + S_{sp} +$$

$$V h_{mp} A_p N_{pn}(C_s - C_{0,sp}) + A_f R_p M_D X_{dust} - v_d A C_{sp} \tag{4-22}$$

$$\frac{dC_{surf}}{dt} = h_m\left(C_s - \frac{C_{surf}}{K_{surf}}\right) \tag{4-23}$$

$$\frac{d(M_D X_{dust})}{dt} = h_{md} A_d N_{dn}\left(C_s - \frac{X_{dust}}{K_{dust}}\right) + v_{d,f} C_{sp} - R_p M_D X_{dust} \tag{4-24}$$

对于以上模型,当模拟建筑的机械通风系统关闭时,方程中的 Q_f 和 Q_r 等于零;当模拟建筑的机械通风系统关闭且外窗打开时,P_p 等于 1。

4.2.2　暴露计算模型

本节的暴露计算模型与 3.2.2 节中 SVOC 多相、多途径个体暴露模型一致,如下式所示:

$$\text{Exposure}_{i,s} = \frac{C_s \cdot \text{IR} \cdot (24 - \text{ED}_o) + C_{s,o} \cdot \text{IR} \cdot \text{ED}_o}{24 \cdot \text{BW}} \tag{4-25}$$

$$\text{Exposure}_{i,sp} = \frac{C_{sp} \cdot \text{IR} \cdot (24 - \text{ED}_o) + C_{sp,o} \cdot \text{IR} \cdot \text{ED}_o}{24 \cdot \text{BW}} \tag{4-26}$$

$$\mathrm{Exposure_{D,s}} = \frac{J_{s,i} \cdot \mathrm{SA} \cdot f_{\mathrm{SA}} \cdot (24 - \mathrm{ED_o}) + J_{s,o} \cdot \mathrm{SA} \cdot f_{\mathrm{SA}} \cdot \mathrm{ED_o}}{\mathrm{BW}}$$

(4-27)

$$\mathrm{Exposure_{D,sp}} = \frac{J_{sp,i} \cdot \mathrm{SA} \cdot f_{\mathrm{SA}} \cdot (24 - \mathrm{ED_o}) + J_{sp,o} \cdot \mathrm{SA} \cdot f_{\mathrm{SA}} \cdot \mathrm{ED_o}}{\mathrm{BW}}$$

(4-28)

$$\mathrm{Exposure_o} = \mathrm{DI} \cdot X_{\mathrm{dust}}$$ (4-29)

4.2.3　模型输入参数

在蒙特卡罗方法中需要对输入参数的类型进行分类,确定输入参数中的分布参数,然后确定其在目标人群中的分布情况。上述模型涉及的输入参数如图 4.3 所示。

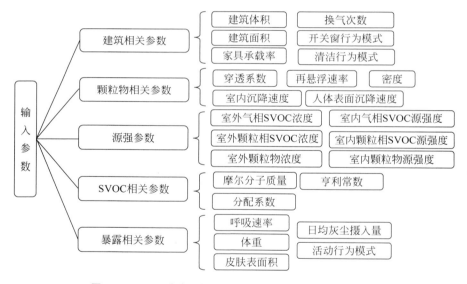

图 4.3　SVOC 多相、多途径人群暴露分布模型输入参数

在模型输入参数中,建筑相关参数、源强相关参数中的室内源强部分及暴露相关参数均为分布参数,在应用模型时需要根据目标人群确定其人群分布情况。其中建筑相关参数中的换气次数和开关窗行为模式是室内外空气交换量的决定性因素,在很大程度上影响了室内污染物浓度水平和人体暴露水平。而目前关于这两个关键参数在我国典型地区分布情况的研究较为匮乏,限制了模型的应用。因此,下文将对这两个关键参数在我国典型地区的分布情况展开研究。

4.3　关键参数 1——北京市住宅自然通风换气次数分布研究

4.3.1　渗风换气次数(AER_c)分布的研究

本节利用多区流体网络模型对北京市保有住宅的代表户型进行模拟,以获得北京市保有住宅 AER_c 的分布情况。首先,根据建筑特性参数的相关分布确定北京市保有住宅的代表户型。接着,利用多区流体网络模型模拟软件(CONTAM3.1)对这些代表户型的 AER_c 进行模拟,根据模拟结果获得北京市住宅 AER_c 的经验分布和参数分布。此外,利用 CO_2 下降法对 34 户北京市住宅的 AER_c 进行实地测试,并将实测结果的累积概率密度分布与模拟结果进行对比,从统计学上验证模拟分布结果的有效性。

4.3.1.1　代表户型的选择

在过去的 20 年里,中国的新建住宅大部分为公寓楼房。根据北京市统计年鉴[58],北京市保有住宅中别墅的比例小于 1%,可忽略不计。因而,本节主要针对公寓楼房的 AER_c 进行研究。公寓楼房的渗风在热压和风压的综合作用下形成,因而公寓楼房的 AER_c 主要受气象参数、楼房内部结构、维护结构缝隙面积、楼房高度和楼房朝向的影响[133]。楼房内部结构影响建筑内不同区域间的空气流动;维护结构缝隙越大,AER_c 越大;楼房高度会影响热压导致的渗风换气量,而楼房朝向会影响风压导致的渗风换气量。因此,本节选取代表户型时考虑的建筑特性参数包括:建筑类型、住宅面积、卧室数量、建成年份、层高和建筑朝向。住宅面积、卧室数量为单户住宅的建筑特性参数,而建筑类型、建成年份、层高及建筑朝向为公寓楼房的建筑特性参数。

根据每一个建筑特性参数,可将住宅分为几个类别。具体的分类信息见表 4.1。对每一个建筑特性参数而言,各分类所含住宅占住宅保有总量的比例可以根据调研或者官方提供的年鉴数据获得。表 4.1 中,P_j^N 代表针对第 N 个建筑特性参数,第 j 个分类的住宅占住宅总保有量的百分比。对每个建筑特性参数,各分类建筑类型占住宅保有总量的比例之和为

100％。随后,对每一个建筑特性参数的每一个分类确定一个代表值。以层高为例,保有住宅根据层高可分为三类:1～6 层、7～9 层和≥10 层。选择 4 层高的公寓楼房来代表层高为 1～6 层的公寓楼房,选择 8 层高的公寓楼房来代表层高为 7～9 层的公寓楼房,选择 12 层高的公寓楼房来代表层高为≥10 层的公寓楼房。

表 4.1　建筑特性参数分类情况

影响因素	类别	变 化 范 围		占比/％
建筑类型	1	板楼	P_j^{BT}	91.00
	2	塔楼、一梯四户		3.00
	3	塔楼、一梯六户		3.00
	4	塔楼、一梯八户		3.00
住宅面积	1	≤53.96m²	P_j^{FA}	56.10
	2	53.96～107.92m²		38.10
	3	≥107.92m²		5.80
建成年份	1	1990 年前	P_j^{CY}	18.50
	2	1991—2000 年		23.30
	3	2001—2010 年		58.20
层高	1	1～6 层	P_j^{NF}	35.70
	2	7～9 层		21.40
	3	≥10 层		42.90
建筑朝向	1	SE45°～SE25°	P_j^{BO}	25.00
	2	SE25°～SE5°		25.00
	3	SE5°～SW15°		25.00
	4	SW15°～SW35°		25.00
卧室数量	1	1	P_j^{NB}	9.10
	2	2		62.30
	3	3		26.40
	4	4		2.10

在所考虑的建筑特性参数中,建筑类型、住宅面积、建成年份、层高及建筑朝向被认为是相互独立的。卧室数量被认为和住宅面积有关。根据 5 个相互独立的建筑特性参数,可以将北京市保有住宅分为 4×3×3×3×4,共计 432 类。在每个住宅面积分类下,可以根据卧室数量将其进一步分为两个子类,如面积≤53.96 m² 的住宅可能有一个卧室或者两个卧室。因而加入卧室数量这一建筑特性参数后,可将北京市保有住宅分为 432×2,共计

864 类。每一类住宅都可以根据其对应的建筑特性参数分类的代表取值来确定一个代表户型。需要注意的是,代表户型指的是公寓楼房中的单户住宅。每一类住宅占住宅总保有量的比例(WF)为其在各个建筑特性参数中所处分类对应比例的乘积。例如,卧室数量为 1、面积在 54 m² 以下、建成年份在 1991 年之前、层数在 1~6 层的板楼里的单户住宅占住宅总保有量的比例可以用下式进行计算:

$$WF = P_1^{BT} \cdot P_{1.1}^{FA} \cdot P_1^{CY} \cdot P_1^{NS} \cdot P_1^{BO} \tag{4-30}$$

其中,$P_{1.1}^{FA}$ 为面积小于 54 m² 的住宅中卧室数为 1 的住宅占住宅总保有量的比例。该类住宅的代表户型为卧室数量为 1、面积为 42 m²、建成年份为 1985 年的层数为 4 层的板楼中的单户住宅。接着对所有的住宅类型按 WF 大小进行降序排列。排名前 180 的住宅类型的 WF 之和为 90%,涵盖了保有住宅中绝大部分住宅类型,因此,这 180 种住宅类型的代表户型被选为北京市保有住宅的代表户型。每个建筑特性参数的分类和对应比例的确定在下文进行详细介绍。

(1) 建筑类型

北京市公寓楼房的建筑类型多种多样,但总体而言可以分为板楼和塔楼两种。板楼的建筑结构如图 4.4 所示。

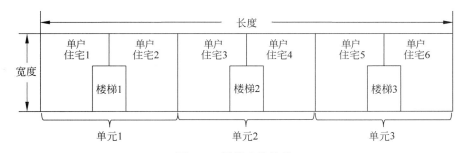

图 4.4　板楼建筑结构

板楼的长度远大于其宽度。一般而言,两套单户住宅共享一个楼梯(电梯)间,一个单元由一个楼梯(电梯)和与之毗邻的单户住宅组成,一栋板楼由相邻的几个单元组成。事实上,单栋板楼所拥有的单元数从 1~8 不等。目前尚无关于单栋板楼所有单元数分布的公开发表研究结果。本书的研究在网上调研了北京市 100 个处于板楼中的待售单户住宅,并对其所处板楼拥有的单元数量进行了总结整理,见表 4.2。由表 4.2 可以看出,单栋板楼所有单元数的中位数为 3,因此,本节中的板楼按照 3 个单元进行模拟,正如图 4.4 所示。

表 4.2 单栋板楼所有单元数分布情况

单元数	对应板楼数量	单元数	对应板楼数量
1	7	6	3
2	22	7	2
3	33	8	2
4	19	平均	3.34
5	12	中位数	3

塔楼的长度一般与宽度相近。单户住宅一般分布在一垂直的公共区域（楼梯间或者电梯井）周围。一梯四户的塔楼建筑结构如图 4.5 所示：

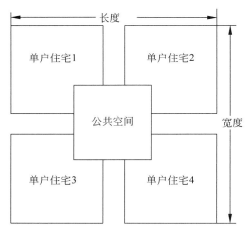

图 4.5 塔楼建筑结构

塔楼的内部结构十分复杂,单层塔楼所有的单户住宅数量和建筑内部结构都有较大的变化范围。在本节中,根据网络调研结果,选择一梯四户、一梯六户和一梯八户 3 种塔楼作为塔楼中较为常见的建筑结构进行研究。

综上所述,建筑类型被分为 4 种:板楼、一梯四户塔楼、一梯六户塔楼和一梯八户塔楼。每种类型的内部结构根据《民用建筑设计通则》进行确定[134]。例如,楼梯的宽度要大于 1.1 m,电梯的宽度要大于 2.5 m,高于 6 层的建筑需要配备电梯等。关于每种类型在住宅保有量中所占比重,目前为止尚无权威发布的数据。根据对北京市城区 300 户待售单户住宅所在公寓楼房的调研结果,91%为板楼,3%为一梯四户塔楼,3%为一梯六户塔楼,3%为一梯八户塔楼。此比例被应用在本节的模拟计算中。

（2）建成年份

北京市公寓楼房的建成年份被分为了 3 个类别:1990 年前建成的、1991—2000 年间建成的和 2001—2010 年间建成的。北京市统计年鉴给出了北京市每年新建住宅面积及 2010 年年底北京市住宅建筑保有面积[58,135]。假设北京市住宅建筑平均寿命为 30 年,结合年鉴信息可以计算获得各建成年份类别占北京市住宅保有总量的比例,见表 4.1。建成年份在 1990 年以前的住宅以在 1985 年建成的公寓楼房为代表,建成年份在1991—2000 年的住宅以在 1995 年建成的公寓楼房为代表,建成年份在2001—2010 年的住宅以在 2005 年建成的公寓楼房为代表。

（3）层高

北京市公寓楼房根据层高被分为了 3 类:层高为 1~6 层的公寓楼房、层高为 7~9 层的公寓楼房,以及层高大于 10 层的公寓楼房。北京市统计年鉴[135-136]发布了 1949 年至 2003 年以上各分类公寓楼房的建成面积。对于在 2004—2010 年间建成的公寓楼房查询不到以上信息。分析统计年鉴中的数据可以发现,从 2000 年到 2003 年,每年新建住宅面积的层高分布情况保持稳定,见表 4.3。据此,假设 2004—2010 年新建建筑的层高分布情况与 2000—2003 年间一致,从而可以获得不同层高类别公寓楼房占保有住宅总量的比例,见表 4.1。

表 4.3　2000—2003 年新建住宅建筑楼层分布情况　　%

类别	2000 年	2001 年	2002 年	2003 年
1~6 层	41.30	41.80	42.50	44.30
7~9 层	6.15	5.09	4.96	5.24
≥10 层	52.50	53.10	52.60	50.50

（4）建筑朝向

PKPM 日照模拟软件给出了北京市住宅的建议朝向范围,为南偏东45°到南偏西 35°。本节将此范围平均分成了 4 个子类,分别是南偏东 45°到南偏东 25°、南偏东 25°到南偏东 5°、南偏东 5°到南偏西 15°、南偏西 15°到南偏西 35°。假设北京市保有住宅在这 4 个分类中平均分布,则每个分类对应的公寓楼房占保有住宅的比例为 25%,见表 4.1。每个分类的代表朝向为该分类朝向的中间值,如朝向为南偏东 35°的公寓楼房代表朝向在南偏东

45°到南偏东 25°这一范围内的公寓楼房。

（5）住宅面积和卧室数量

在本节中,单户住宅的面积由人均住宅面积和家庭人口数的乘积来确定。北京市统计年鉴[58]依据人口普查结果给出了 2010 年北京市城镇居民家庭人口数分布情况,见表 4.4。

表 4.4　2010 年北京市城镇居民家庭人口数分布情况

家庭人口数	1	2	3	4	≥5
比例/%	25.70	30.40	29.50	8.60	5.80

据此,将单户家庭分为 3 类:1～2 口之家、3～4 口之家和人口数大于 5 的家庭。相应地,住宅面积也根据户规模分为 3 类。2010 年北京市城镇居民人均居住面积为 27.24 m²[58]。每一个分类的住宅面积范围可由该类的人口范围和人均住宅面积的乘积来确定。每一个分类的代表户型的住宅面积由该类别对应的人口数分布情况和人均住宅面积来确定。以 1～2 口之家所居住的住宅为例,代表面积的计算公式如下:

$$\frac{27.24 \times 1 \times 25.70\% + 27.24 \times 2 \times 30.40\%}{25.70\% + 30.40\%} = 42 \ \mathrm{m^2} \qquad (4\text{-}31)$$

对于人口数大于 5 的家庭居住的住宅,没有细化的人口数分布情况来计算代表户型的住宅面积,假定 5 口之家居住住宅面积为这一类别代表户型的住宅面积。每一个住宅面积分类的比重与该类别对应的家庭人口数比重相等,见表 4.1。

为了确定每单户住宅的内部结构,需要确定其卧室数量。根据北京市统计年鉴[58],可以得到到 2010 年为止保有建筑中不同卧室数量的住宅占保有住宅总量的比重(P_j^{NB}),见表 4.1。单户住宅所拥有的卧室数量与住宅面积有关。面积为 42 m² 的代表户型可能拥有一个卧室或两个卧室,面积为 87 m² 的代表户型可能拥有两个卧室或三个卧室,面积为 136 m² 的代表户型可能拥有三个卧室或四个卧室。单户住宅中的其他种类的房间数量根据常识来确定。例如,单户住宅都拥有一个客厅、一个厨房和至少一个浴室。当单户住宅拥有小于等于三个卧室时,该住宅配备一个浴室;当单户住宅拥有大于三个卧室时,该住宅配备有两个浴室。因此,每一个住宅面积分类下都会根据卧室数量的不同分为两个子类。结合住宅面积分类和卧室数量分类,可以计算得到拥有 j 个卧室、面积分类为 i 的住宅占保有住宅总量的比重($P_{i,j}^{FA}$),见表 4.5。

表 4.5　拥有 j 个卧室、面积分类为 i 的住宅分布情况　　　　%

卧室数量	住宅面积分类			总计
	1	2	3	
1	9.10			9.10
2	47.00	15.40		62.40
3		22.70	3.70	26.40
4			2.10	2.10
总计	56.10	38.10	5.80	100.00

4.3.1.2　CONTAM 模拟

代表户型在北京市典型年气象参数下的年均和季节平均的 AER_c 由多区流体网络模型模拟软件(CONTAM 3.1)模拟获得,季节划分与 2.2.3 节一致。CONTAM 模拟针对一整栋公寓楼房进行,楼房中每一个单户住宅内部结构都与相应的代表户型相同。具体的模拟步骤如下:

(1) 在 CONTAM 画板(sketchpad)中根据代表户型的建筑特性参数画出其结构示意图,并给定各区域面积、体积。

(2) 定义模拟建筑中的流体通道(airflow path)。考虑到绝大多数北京市住宅未安装机械通风系统,且住宅所配备的集中式供暖和分体空调并没有新风供给单元,因而 CONTAM 中的空气调节系统(air handling system)在模拟中未予以考虑。模拟中所考虑的流体通道包括:外墙渗透面积、内墙渗透面积、外门、内门、楼梯间、电梯井及电梯门。其中,外墙渗透面积包括维护结构上所有可能的开口在关闭时的缝隙面积及墙体本身的渗透面积,该渗透面积在外墙面积上均匀分布。外墙渗透面积是影响 AER_c 的一个重要因素。一般而言,建筑围护结构的渗透面积由鼓风门实验来确定。然而目前并没有关于北京市住宅的大规模鼓风门实验的结果。Chan 等人提出了一个根据建筑面积(A_f)和建成年份(construction year,CY)来计算标准化渗透面积(normalized leakage,NL)的经验公式[137]:

$$NL = \exp(\beta_0 + \beta_1 CY + \beta_2 A_f) \tag{4-32}$$

其中,β_0,β_1 和 β_2 为常数。本节使用的常数取值根据 Chan 等人对一般住宅的回归结果[137]得到,其中 β_0 为 20.7,β_1 为 -1.07,β_2 为 -2.20。有效渗透面积(effective leakage area,ELA)可以按下式计算获得[137]:

$$NL = 1000 \frac{ELA}{A_f} \left(\frac{H}{2.5}\right)^{0.3} \tag{4-33}$$

其中,H 为楼层高度(m)。除墙面渗透面积外,风压系数曲线(wind pressure profile)是影响流体通道渗风换气量的另一个重要因素。CONTAM 内置的建筑周围风压系数曲线集合 WINDPRS Library 被应用在了本节的模拟中。Swami 和 Chandra 所提出的长宽相等的高层建筑及长度为宽度 3 倍的高层建筑表面的风压系数曲线分别被应用在了塔楼和板楼的模拟中[138]。

(3) 设置室内温度(t_{in})和建筑朝向。与 3.4 节相同,设置夏季 t_{in} 为 26℃,冬季 t_{in} 为 20℃。在过渡季,北京市住宅一般采用自然通风,在此情况下 t_{in} 会随着室外温度(t_o)的波动而波动。由于 t_o 受建筑蓄热、太阳辐射及内部热源等因素的多重影响,很难精准地确定所有代表户型中 t_o 的逐时变化情况。因而作为简化,与 3.4 节类似,此处设定过渡季室内温度 $t_{in} = t_o + 2$。代表户型所在公寓楼房的建筑朝向根据 4.3.1 节确定的各朝向类别的代表朝向进行设定。

(4) 向 CONTAM 导入美国采暖、制冷与空调工程师学会(American Society of Heating Refrigerating and Airconditioning Engineers,ASHRAE)提供的北京市典型年气相参数(IWEC),利用 COATAM 非稳态模拟功能模拟各季节各代表户型所在公寓楼的内部空气流动情况,模拟分四个季节进行。

(5) 模拟完成后,从 CONTAM 导出模拟公寓楼房各区域间及室内外空气流动情况的季节平均值。对单户代表户型而言,其 AER_c 定义为从室外环境流入该住宅的风量大小与其体积的比值。从相邻单户住宅或者公共空间流入目标住宅的气流不计入渗风换气量。将 AER_c 的各季节平均值按照季节长度进行加权平均即可获得模拟住宅 AER_c 的年均值。需要注意的是,同一栋公寓楼房内不同单户住宅间的 AER_c 会由于其在建筑中位置的不同而不同。例如,室内外温差所导致的热压效应对楼层较低的单户住宅渗透通风的影响要高于楼层较高的单户住宅。为了考虑建筑中不同位置对单户住宅 AER_c 的影响,本节对模拟的公寓楼房中的每一户单户住宅的 AER_c 都进行了计算。若模拟的公寓楼房有 72 户单户住宅,则对所有 72 户住宅的 AER_c 均进行计算,并作为样本纳入后续的统计分析。

(6) 根据各代表户型占保有住宅总量的 WF 将模拟所得的 AER_c 集合起来,即可获得北京市住宅建筑 AER_c 分布情况。对于处于代表住宅建筑 j 中的单户住宅 i,其占保有住宅总量的比重可以利用下式计算:

$$WF_{i,j} = \frac{WF_j}{n} \tag{4-34}$$

其中，WF_j 为该代表户型占保有住宅总量的比重，n 为其所在的公寓楼房所拥有的单户住宅的数量。

4.3.1.3　实验设计

本节利用二氧化碳（CO_2）下降法对北京市 34 户公寓住宅的 AER_c 进行了实验研究，实验住宅的建筑特性参数见表 4.6。

表 4.6　实验住宅的建筑特性参数

编号	建筑类型	住宅面积/m^2	层高	建成年份	卧室数量	渗风换气次数/h^{-1}
1	板楼	125	15/18	2001—2005 年	3	0.05
2	塔楼	180	6/15	2001—2005 年	3	0.08
3	板楼	72	6/7	2006—2010 年	2	0.1
4	板楼	152	6/11	2006—2010 年	3	0.1
5	板楼	120	4/16	2001—2005 年	3	0.1
6	板楼	96	3/6	2006—2010 年	2	0.11
7	塔楼	96	5/6	2001—2005 年	2	0.13
8	塔楼	99	6/20	2001—2005 年	3	0.13
9	板楼	120	7/23	2001—2005 年	3	0.14
10	板楼	140	16/18	2006—2010 年	3	0.14
11	板楼	55	5/7	2001—2005 年	3	0.15
12	塔楼	120	7/11	2001—2005 年	3	0.16
13	板楼	90	3/6	2006—2010 年	2	0.16
14	板楼	64	12/20	1991—2000 年	2	0.17
15	板楼	113	4/20	2001—2005 年	2	0.17
16	板楼	108	4/18	2001—2005 年	2	0.17
17	板楼	128	5/7	1991—2000 年	3	0.17
18	板楼	66	1/9	1991—2000 年	2	0.18
19	塔楼	60	3/6	2001—2005 年	1	0.18
20	板楼	59	6/6	≥2010 年	1	0.19
21	塔楼	55	3/6	2006—2010 年	1	0.23

续表

编号	建筑类型	住宅面积/m²	层高	建成年份	卧室数量	渗风换气次数/h⁻¹
22	板楼	42	8/22	1991—2000 年	1	0.25
23	板楼	80	6/6	2006—2010 年	2	0.27
24	板楼	38	6/7	≤1990 年	2	0.27
25	板楼	129	5/5	1991—2000 年	3	0.29
26	塔楼	97	3/6	1991—2000 年	3	0.29
27	板楼	15	3/8	≤1990 年	1	0.31
28	塔楼	60	7/15	2006—2010 年	1	0.32
29	板楼	68	6/9	≤1990 年	2	0.57
30	板楼	65	12/21	1991—2000 年	2	0.59
31	塔楼	180	8/8	≥2010 年	3	0.14
32	板楼	90	4/6	≤1990 年	3	0.05
33	板楼	76	5/5	2001—2005 年	2	0.23
34	板楼	120	6/7	2006—2010 年	3	0.13

对每户住宅进行一次 AERc 测试,所有实验在 2013 年 9 月至 2014 年 10 月间进行。住宅中的住户被当作 CO_2 散发源。实验在工作日进行,通过 CO_2 传感器(TelAire,GE,2007)对住宅内 CO_2 实时浓度进行连续 48 h 的监测。该传感器可监测的 CO_2 浓度范围为 $0 \sim 2.5 \times 10^{-3}$ mg/L。每户住宅配备两台 CO_2 传感器,一台放置于客厅,一台放置于主卧室。传感器的放置位置需离地面 1 m 以上。为了保证测试的有效性,传感器不可放置于窗户附近和房间角落。实验在晚间 10:00—12:00 开始,图 4.6 给出了某户测试公寓住宅内 CO_2 浓度在 48 h 内的逐时变化情况。

实验开始时,住宅中的住户散发 CO_2,使室内浓度上升。住户在第二天早晨离开住宅前,被要求关闭所有外门外窗,打开住宅内的所有内部连接(如内门)至最大化。已有研究证明,在此种情况下,拥有复杂内部结构的单户住宅可以被当作单区模型来进行处理[139]。此时,室内 CO_2 浓度的变化可用下式进行描述:

$$\frac{dC_{tr,in}}{dt} = AER_c(C_{tr,out} - C_{tr,in}) \tag{4-35}$$

其中,$C_{tr,in}$ 为室内 CO_2 浓度(mg/L),$C_{tr,out}$ 为室外 CO_2 浓度(mg/L)。因此,住宅的 AERc 可通过对室内无人时 CO_2 的浓度下降曲线进行非线性拟

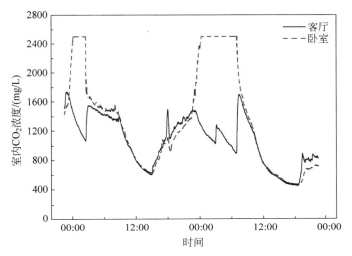

图 4.6　某实验住宅内 CO_2 浓度随时间变化情况

合来获得。实验舱中的研究已经证明[139]，通过 CO_2 下降法测得的换气次数产生的不确定性在 10% 以内。因此，认为本实验研究获得结果的准确性是可接受的。住户的活动行为模式由住户本人在专有的记录表格上进行记录。住宅内没有住户的时间段由记录表格和实验数据进行双重确定。根据 2013 年 10 月对北京市室外环境中 CO_2 浓度的监测结果，拟合时室外 CO_2 浓度被设定为 450 mg/L。考虑到室外 CO_2 浓度波动的剧烈程度要远小于室内，因此认为这一简化带来的不确定性可以忽略不计。利用 Origin 8.5.1 的非线性拟合(nonlinear curve fit)功能对 CO_2 浓度下降曲线进行非线性拟合。

为满足混合均匀的前提条件，对单户测试住宅而言，只有当两台不同放置地点的 CO_2 传感器所测 CO_2 浓度的相对差异小于 15% 时，测得的 CO_2 浓度下降曲线才会被用来拟合相应住宅的 AER_c。两台 CO_2 传感器测试浓度拟合结果的均值被认为是该实验住宅的 AER_c。极个别情况下，由于实验装置的失效，单户实验住宅只能获得一个有效的 CO_2 浓度下降曲线，在此情况下，此有效浓度下降曲线的拟合结果被认为是此实验住宅的 AER_c。需要注意的是，此时利用 CO_2 下降法测得的 AER_c 并非新风换气次数。模拟和实验过程中对换气次数定义的偏差对结果的影响将在下文进行讨论。

4.3.1.4　结果与讨论

　　基于 180 个代表户型所对应的 9024 个单户住宅的 AER_c 模拟结果及各模拟住宅在住宅总保有量中的占比 WF，可得到北京市住宅 AER_c 季节平均值及年均值的分布情况，相关统计值见表 4.7，AER_c 年均值的概率密度分布柱状图如图 4.7 所示。模拟所得的北京市住宅 AER_c 年均值的变化范围是 0.02～0.82 h^{-1}，中位数为 0.16 h^{-1}。

表 4.7　模拟所得渗风换气次数年均值和季节平均值的统计结果　　h^{-1}

季节	平均值	最小值	P05	P10	P25	P50	P75	P90	P95	最大值
春季	0.18	0.03	0.08	0.09	0.11	0.17	0.23	0.3	0.34	0.52
夏季	0.14	0.02	0.06	0.07	0.08	0.13	0.18	0.23	0.26	0.41
秋季	0.13	0.01	0.05	0.06	0.08	0.11	0.17	0.23	0.28	0.46
冬季	0.31	0.01	0.05	0.07	0.11	0.2	0.41	0.7	0.92	1.6
年均	0.21	0.02	0.06	0.08	0.11	0.16	0.25	0.38	0.49	0.82

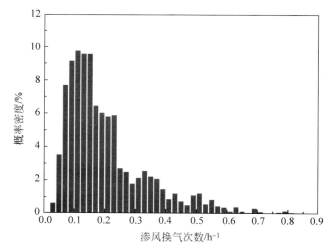

图 4.7　模拟所得渗风换气次数年均值概率密度柱状图

　　已有相关研究均发现，某一区域的住宅渗风换气次数趋近于对数正态分布[140-141]。本节得到的北京市住宅 AER_c 年均值的概率密度柱状图视觉上与对数正态分布非常接近。因此，对得到的 AER_c 的对数值进行正态分布拟合，参数分布表达式如下式所示：

$$\ln(\mathrm{AER_c}) \sim N(\mu, \sigma) \qquad (4\text{-}36)$$

其中，μ 为拟合得到的正态分布平均值，σ 为正态分布的标准差。模拟得到的 $\mathrm{AER_c}$ 的对数概率密度图（logarithm probability plot）如图 4.8 所示。

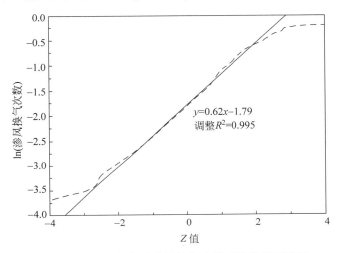

图 4.8　模拟所得年均渗风换气次数对数概率密度图

图 4.8 中的每一个点代表一个单户住宅 $\mathrm{AER_c}$ 的模拟结果，而 x 轴为该模拟结果对应的 Z 值（Z-score）。在 Origin 8.5.1 中利用 linear curve fit 功能对这些数据点进行线性拟合，图中的实线即为拟合结果，实线的截距为拟合所得正态分布的平均值，实线的斜率为拟合所得正态分布的标准差[140-141]。根据拟合结果可知，北京市住宅 $\mathrm{AER_c}$ 年均值的对数值符合平均值为 -1.79，标准差为 0.62 的正态分布，拟合 R^2 为 0.995，说明对数正态分布很好地描述了北京市住宅 $\mathrm{AER_c}$ 年均值的分布情况。但从图 4.8 也可以看出，当 $\mathrm{AER_c}$ 小于 $0.03\ \mathrm{h^{-1}}$（$\ln(\mathrm{AER_c}) \leqslant -3.5$）时，拟合结果略微高于实际分布水平；当 $\mathrm{AER_c}$ 大于 $0.60\ \mathrm{h^{-1}}$（$\ln(\mathrm{AER_c}) \geqslant -0.5$）时，拟合结果略微低于实际分布水平。

从表 4.7 可以看出，$\mathrm{AER_c}$ 在冬季最大，在夏季最小。在冬季，室内外温差绝对值的平均值为 19.7℃，而在夏季，这一平均值只有 3.77℃。温差是热压效应的驱动力，冬季更大的室内外温差导致热压效应下的换气次数更大。此外，北京市冬季的室外平均风速为 2.59 m/s，在夏季，北京市室外平均风速为 2.11 m/s，冬季更大的风速也导致风压效应下的渗风换气量更大。

不同建成年份及不同住宅面积的住宅 AER_c 年均值的分布箱线图如图 4.9 和图 4.10 所示。

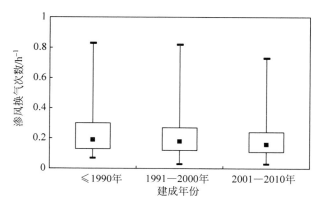

图 4.9　不同建成年份住宅渗风换气次数分布的对比

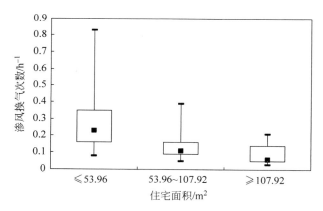

图 4.10　不同面积的住宅渗风换气次数分布的对比

由图 4.9 可以看出,随着建成年份的后移,住宅的渗风换气次数有所减小。建成年份在 1990 年以前的住宅 AER_c 年均值的中位数为 $0.18\ h^{-1}$,建成年份在 1991—2000 年的住宅的这一数值为 $0.17\ h^{-1}$,而建成年份在 2001—2010 年的住宅的这一数值为 $0.15\ h^{-1}$。根据 Chan 等人计算建筑围护结构渗透面积的经验公式,建成时间越长的建筑,其围护结构渗透面积越大[136]。实际情况下,由于建筑能耗标准的限制,新建建筑的密闭性在逐渐加强,因此模拟所得的 AER_c 随建成年份的变化趋势是符合实际的。然而不同建成年份对应的住宅 AER_c 年均值间的区别并不显著。建成年份在

1990 年以前的住宅 AER_c 年均值的变化范围为 $0.06\sim0.82$ h^{-1},建成年份
在 1991—2000 年的住宅 AER_c 年均值的变化范围为 $0.02\sim0.72$ h^{-1}。这
主要是由所研究建筑的建成年份范围相对较窄导致的。大部分北京市的住
宅为新建建筑,保有住宅总量中超过 90% 的住宅是在 1980 年以后建造的,
这一情况与西方发达国家有很大不同。

　　如图 4.10 所示,随着住宅面积的增大,对应的 AER_c 年均值有所减小。
对于面积小于 53.96 m^2 的单户住宅,其 AER_c 年均值的中位数为 0.22 h^{-1},
而对于面积大于 107.92 m^2 的单户住宅,其 AER_c 年均值的中位数为
0.06 h^{-1}。对于面积较大的住宅,其外墙和内部体积的比值通常要小于面
积较小的住宅,导致面积较大的住宅的 AER_c 较小。

　　不同朝向住宅的 AER_c 年均值的分布箱线图如图 4.11 所示。可以看
出,不同朝向住宅的 AER_c 年均值基本相同,说明在所研究的建筑朝向范围
内,住宅的 AER_c 年均值对朝向并不敏感。在设定输入参数时,假设已有住
宅建筑的朝向在模拟范围内平均分布,这一假设可能与实际情况有所出入。
然而 AER_c 模拟值在这一朝向范围内对建筑朝向并不敏感,表明这一假设
不会导致结果和实际情况的严重偏差。

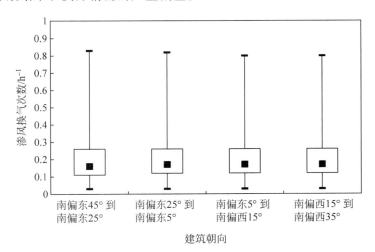

图 4.11　不同朝向住宅渗风换气次数分布的对比

　　利用 CO_2 下降法测得的 34 户北京市住宅的 AER_c 的变化范围是 $0.05\sim$
0.59 h^{-1},中位数为 0.17 h^{-1}。测试时间均匀分布在一年之中,其中有 7 户
测试在春季进行,7 户测试在夏季进行,8 户测试在秋季进行,12 户测试在

冬季进行。将所测 AER_c 的分布与模拟得到的 AER_c 年均值进行比较,对比结果如图 4.12 所示。总的来说,模拟得到的 AER_c 的分布情况与实测得到的分布吻合良好。需要注意的是,本节中的实验住宅并非对北京市保有住宅进行随机取样得到的样本,即所选择的实验住宅未必能够完全代表北京市的保有住宅总体。然而需要指出的是,选择的实验住宅的建筑特性参数囊括了较大的范围。

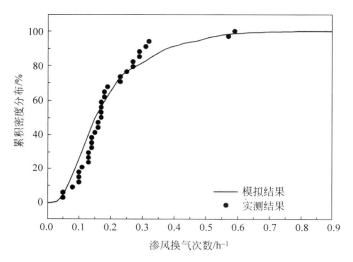

图 4.12　模拟与实测渗风换气次数累积密度分布的对比

　　例如,选择的实验住宅面积的变化范围为 $15\sim180$ m²,这一范围包括了模拟住宅的面积范围。选择的实验住宅建成年份从 1980 年到 2011 年不等,这一范围与模拟住宅建成年份的范围一致。此外,实验进行时气象参数的变化范围与北京市典型年气象参数的变化范围相近或一致。例如,实验进行时室外平均温度的变化范围是 $-6\sim26$℃,模拟时输入的北京市典型年室外平均温度的变化范围是 $-10\sim30$℃。实验时室外风速的变化范围是 $1.11\sim8.06$ m/s,模拟时输入的北京市典型年室外风速的变化范围是 $0.23\sim8.32$ m/s。因此,测得的 AER_c 可以在一定程度上反映北京市住宅 AER_c 年均值的分布情况。需要注意的是,实验测得的 AER_c 是短时间内的平均值,而模拟得到的是季节甚至年平均值。现阶段,由于无法保证以自然通风为主要通风手段的住宅中的住户在长时间内(一个季节甚至一年)维持窗户处于关闭状态,因而很难在大范围内对有住户正常居住的住宅的 AER_c 季节平均或者年均值进行实验测量。本节的实测结果是已知的可用来和模拟得到的 AER_c 年均值分布进行比较的较为合适的实测结果。因此，此实验结果分布与模拟所得的 AER_c 年均值分布吻合良好，可以在一定程度上说明模拟结果的有效性和准确性。

上文提到，在 CONTAM 模拟中，AER_c 模拟值为新风换气次数（模拟值）。然而利用 CO_2 下降法得到的 AER_c 实测值并非新风换气量。高层住宅中的单户住宅除了会与室外进行换气外，还会与相邻的单户住宅或者公共空间进行换气。因此，利用 CO_2 下降法测得的 AER_c 为与室外环境、相邻单户住宅及相邻公共空间换气得到的等效渗风换气次数。CO_2 下降法的测试结果无法把不同空间的渗风换气量区分开来。假设相邻公共空间内 CO_2 浓度水平与室外相等，相邻的单户住宅内 CO_2 浓度水平与目标公寓相等，那么 CO_2 下降法测得的 AER_c 即为目标住宅和室外环境及相邻公共空间的渗风换气量导致的换气次数的和（假定实测值）。因此，可通过对目标住宅的 AER_c 的模拟值和假定实测值进行比较来初步分析模拟所得的 AER_c 与测试得到的 AER_c 之间的区别。以一栋 12 层楼的公寓楼房为例，利用 CONTAM 3.1 对其内部单户住宅 AER_c 的模拟值和假定实测值进行模拟，模拟结果如图 4.13 所示。在冬季，对于在 1～6 层的单户住宅，AER_c 的模拟值与假定实测值基本相等，两者的相对差异小于 1.5%。对于楼层较高的单户住宅，两者的相对差异增大，在 9%～138% 变化。对于楼层较高的单户住宅，利用 CO_2 下降法得到的 AER_c 高估了实际的新风渗风换气量。在夏季，对于楼内的所有单户住宅，AER_c 模拟值与假定实测值的相对差异较小，在 4%～30% 变化。在此情况下，CO_2 下降法得到的 AER_c 可代表新风渗风水平。本实验中，34 户实验住宅有 22 户的实验是在暖季进行的。此外，在冬季进行实验的 12 户住宅中，仅有 4 户在顶楼或靠近顶楼的较高楼层，因此认为本实验中利用 CO_2 下降法测得的 AER_c 可以在一定程度上反映住宅的新风渗风换气水平。

4.3.2　开窗通风换气次数（AER_o）分布的研究

目前，关于北京地区住宅 AER_o 的分布情况尚无较为完整、系统的研究，可利用的数据也较为有限。本节对北京市 11 户住宅的 AER_o 利用 CO_2 下降法进行了实地测试。实验在 2014 年 3 月到 2015 年 8 月间进行。涉及的实验住宅的建筑特性参数见表 4.8。

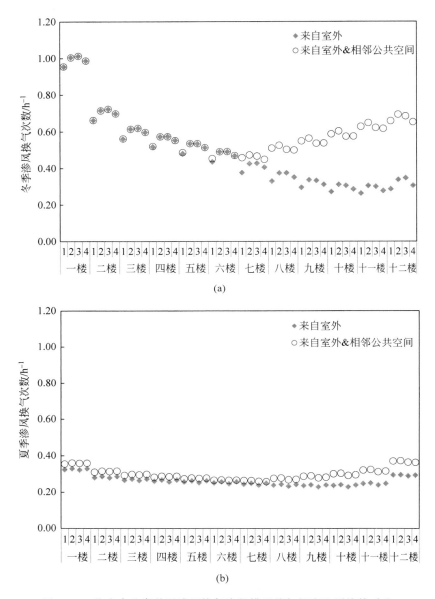

(a)

(b)

图 4.13 住宅内公寓单元渗风换气次数模拟值与假定实测值的对比

（a）冬季；（b）夏季

每一个点代表一户单户住宅

表 4.8　实验住宅建筑特性参数

建筑类型	楼层数	建成年份	卧室数量	主卧面积/m²	外窗面积/m²
板楼	3	1991—2000 年	3	12	0.45
板楼	3	1990 年前	2	20	0.8
板楼	4	1990 年前	2	15	1.35
塔楼	2	2011 年后	3	15	0.45
板楼	14	2001—2005 年	3	10	0.43
板楼	6	2001—2005 年	3	12	0.88
塔楼	5	2011 年后	2	10.5	0.45
板楼	3	1990 年前	2	12	0.5
板楼	3	1991—2000 年	2	15	0.36
塔楼	21	2011 年后	2	12	0.78
板楼	15	2011 年后	3	20	0.58

一般而言,开启外窗时,多区的住宅空间内 CO_2 依靠自然扩散很难达到均匀混合。考虑到居民在住宅中的主要生活区域为卧室,因此选择对实验住宅的主卧室进行 AER_o 的实测。以主卧室为单区模型,卧室中 CO_2 的浓度变化可用下式进行描述:

$$\frac{dC_{tr,in}}{dt} = AER_o(C_{tr,out} - C_{tr,in}) \tag{4-37}$$

窗户的开度可能影响 AER_o,因此对每一户实验住宅的主卧室测试了不同窗户开度下的 AER_o。对只有一扇可操作外窗的卧室,测试窗户开度包括窗户打开 1/3、窗户打开 2/3 和窗户全开。对于有两扇可操作外窗的卧室,测试窗户开度包括一扇窗户打开 1/3、一扇窗户打开 2/3 和两扇窗户全开。实验住宅主卧室中可操作窗户最多为两扇。实验中利用气罐在卧室中释放 CO_2 作为脉冲源,当室内 CO_2 浓度高于 1500 mg/L 时,关闭气罐阀门,打开外窗,关闭卧室门,对室内 CO_2 浓度进行监测,单次实验所需的时间在 30 min 左右。其他实验方法与 4.3.1 节中 AER_c 的测试方法一致。同时在 Weather undergroud.com(http://www.wunderground.com)上下载实验期间北京市的气象参数,包括室外温度、室外风速。室内温度由温湿度自记仪(TJHY,Model WSZY-1)进行监测记录。实验结果及对应的气象参数见表 4.9。

表 4.9　实验住宅开窗换气次数测试结果及对应的气象参数

住宅编号	窗户开度	换气次数/h^{-1}	室外温度/℃	室内温度/℃	室外风速/(m/s)
1	1/3	4.12	14.0	21.8	2
	2/3	3.30	14.0	22.0	5
	全开	4.15	14.0	21.8	5
2	1/3	2.79	21.0	22.0	6
	2/3	4.34	21.0	21.7	7
	全开	6.47	21.0	21.4	5
3	1/3	2.58	13.0	21.8	3
	2/3	3.33	11.0	21.7	2
	全开	6.16	12.0	21.7	4
4	1/3	2.84	12.0	NA	4
	2/3	2.82	13.0	NA	5
	全开	3.13	14.0	NA	3
5	1/3	2.63	27.0	21.7	6
	2/3	1.97	26.0	21.8	5
	全开	2.54	24.0	22.1	5
6	1/3	5.25	30.0	26.1	6
	2/3	9.13	29.0	25.6	6
	全开	8.96	29.0	25.7	6
7	1/3	3.40	26.0	24.6	6
	2/3	3.45	27.0	24.0	6
	全开	2.62	28.0	23.9	5
8	1/3	1.63	24.5	26.8	2
	2/3	3.54	25.0	26.7	2
	全开	6.76	27.0	26.6	2
9	1/3	1.27	27.0	27.6	2
	2/3	1.87	28.5	27.6	2
	全开	5.87	29.0	27.8	2
10	1/3	5.69	25.0	29.4	3
	2/3	2.44	24.5	29.2	5
	全开	2.41	23.0	29.2	3
11	1/3	7.73	28.0	27.7	5
	2/3	9.68	27.0	27.9	6
	全开	9.66	27.0	28.0	5.5

实验测得 AER_o 的变化范围为 $1.27 \sim 9.68 \ h^{-1}$。AER_o 的大小主要受室内外温差和风速风向的影响。实验期间实验住宅的室内外温差变化范围为 $-5.3 \sim 10.7 ℃$,室外风速的变化范围是 $2 \sim 7 \ m/s$,可以看出,实验期间的室外温度和室外风速包含了一个相对较宽的变化范围。因此,本节以该实验数据为基础,假设 AER_o 服从正态分布,其平均值为上述实验结果平均值,标准差为上述实验结果标准差,其参数分布表达式如下式所示:

$$AER_o \sim N(4.38, 2.45) \tag{4-38}$$

该分布为人群暴露分布模型应用提供了建筑通风输入参数的初步假设,后续还需要对地区性住宅的 AER_o 分布规律展开系统研究。

4.4　关键参数 2——典型地区开关窗行为模式的研究

本节将针对北京和南京市住宅的开关窗行为模式和气象参数及室外空气质量参数间的关系展开研究。

4.4.1　实验设计

北京的气候属于大陆性季风气候,较为干燥,南京的气候属于亚热带季风湿润气候,较为潮湿。为方便了解两地的气候特点,由 weather underground(http://www.wunderground.com)获得的 2014 年两地的逐时气象参数统计结果见表 4.10。

表 4.10　2014 年北京和南京逐时气相参数统计表

		最小值	最大值	平均值	5%	25%	50%	75%	95%
北京	室外温度/℃	−13	42	13.7	−5	3	15	23	21
	室外相对湿度/%	4	100	52.2	13	30	52	74	94
	室外风速/(m/s)	1	20	2.8	1	1	2	3	7
南京	室外温度/℃	−8	37	16.4	0	9	18	24	30
	室外相对湿度/%	15	100	76.4	38	63	82	94	100
	室外风速/(m/s)	1	12	2.8	1	2	2	4	6

从表 4.10 可以看出,北京的逐时室外温度和相对湿度的年均值分别为 13.7℃ 和 52.2%,南京的逐时室外温度和相对湿度的年均值分别为 16.4℃ 和 76.4%,因而相较于北京,南京是一个更为温暖、潮湿的城市。根据统计得出的室外温度的百分位数,南京的高温极端天气要多于北京,而北京的低

温极端天气要多于南京。此外,北京的室外风速的变化范围要大于南京,但是两地的室外风速年均值相当,均为 2.8 m/s。这些气候特点可能会对住宅的开关窗行为模式产生影响,将在下文进行详细分析。

在本节的研究中,招募了 5 户北京市住宅和 3 户南京市住宅进行开关窗行为模式的监测。实验住宅的详细信息见表 4.11。

表 4.11　开关窗行为模式实验住宅详细信息

城市	编号	面积 /m²	建成年份	层高	房间数	居民数	监测外窗数量	居民室内活动时段	
								工作日	周末
北京	1	81	1980 年	3/6	4	3	1	18:00—08:00	00:00—24:00
	2	70	1998 年	3/5	3	4	2	18:00—10:00 14:00—16:00	18:00—10:00 14:00—16:00
	3	102	2003 年	14/20	4	2	3	12:00—13:00 18:00—08:00	16:00—10:00
	4	40	1980 年	5/5	3	2	2	19:00—08:00	00:00—24:00
	5	91	2008 年	6/6	3	2	3	00:00—24:00	00:00—24:00
南京	1	85	1983 年	3/6	4	2	4	18:00—07:30	00:00—24:00
	2	121	2003 年	20/32	4	3	3	18:00—08:00	00:00—24:00
	3	110	2007 年	9/11	3	1	3	19:30—07:00	22:00—10:00

北京市的实验住宅均装备了分体式空调和集中供暖系统,南京市的实验住宅只装备了分体式空调。所有实验住宅均为自然通风建筑。实验住宅外窗的开闭状态利用磁感应装置(TJHY,CKJM-1)进行分季节阶段性监测,实验在 2013 年 10 月至 2014 年 12 月之间进行。实验涉及两种窗户类型,一种是水平推拉窗,一种是平开窗,如图 4.14 所示。

(a)   (b)

图 4.14　实验住宅中外窗类型及仪器布置(见文前彩图)
(a) 水平推拉窗;(b) 平开窗

对水平推拉窗而言,磁感应装置和磁铁被分别安装在窗户和窗框上,当窗户关闭时,磁感应装置和磁铁紧靠在一起且在同一平面内。当窗户由于水平推拉被打开时,磁感应装置和磁铁间的距离增大,当这一水平距离大于3 cm 时,磁感应装置不再能感应到磁铁的磁力线,输出信号为"0"。这种情况下,窗户被判定为打开。对平开窗而言,磁感应装置和磁铁被分别安装在窗户和窗框上,当窗户关闭时,磁感应装置和磁铁紧靠在一起且在同一平面内。当窗户由于向外推开被打开时,磁铁与磁感应装置不再在同一平面内,因而磁感应装置不能感应到磁铁的磁力线,输出信号为"0"。这种情况下,窗户被判定为打开。当磁感应装置的输出信号为"1",即磁铁和磁感应装置在同一平面内且紧靠在一起时,窗户被判定为关闭。实验开始前,实验人员与实验住户进行当面访谈,以确定每一户实验住宅中常用来通风换气的外窗,这些窗户为本实验的监测对象。8 户实验住宅中监测的外窗数量从1 到 4 不等,见表 4.11。每 5 min 监测一次磁感应装置对每个外窗的开闭状态并记录下来。对一户实验住宅而言,若所监测的外窗有一扇是打开的,则该实验住宅的窗户状态被认为是打开,若所监测的外窗全部是关闭的,则该实验住宅的窗户状态被认为是关闭。

在各个季节,每户实验住宅至少被连续监测 20 天。北京市季节的划分与上文一致。考虑到南京的气候特点,在南京,3 月 1 日—5 月 31 日被认为是春季,6 月 1 日—8 月 31 日被认为是夏季,9 月 1 日—11 月 30 日被认为是秋季,12 月 1 日—2 月 28 日被认为是冬季。为研究开关窗行为模式与气象参数和室外空气质量参数间的关系,还需要对相关参数进行收集。实验期间两地的逐时气象参数可以通过 weather underground(http://www.wunderground.com)获得。两个城市中,北京首都机场和南京禄口机场的气象站分别拥有可获得的最为完备的当地气象数据,因而对这两个气象站的气象数据进行下载并进一步应用到后续分析中。对中国的大部分大型城市(包括北京、南京)而言,室外 $PM_{2.5}$ 为首要空气污染物之一,因而本节中选取室外 $PM_{2.5}$ 浓度来表征室外空气质量。两地逐时的大气 $PM_{2.5}$ 浓度通过环保部公布的监测数据获得。政府制定了详细的规程规范 $PM_{2.5}$ 监测点的布置及测试方法来保证监测质量。例如,根据政府规定,监测点不得布置在交通要道和工业污染排放源邻近区域。两个城市中,离实验住宅最近的 $PM_{2.5}$ 浓度监测站公布的浓度数据被分配给相应的实验住宅。北京的 5 个实验住宅中,住宅与最近的 $PM_{2.5}$ 浓度监测站间的直线距离从 3.6 km 到5.2 km 不等,南京的 3 个实验住宅中,这一距离从 0.8 km 到 2.2 km 不等。

4.4.2   线性逻辑回归

本节将基于测试数据,通过线性逻辑回归来获得测试住宅开窗行为的预测模型。首先,需要获得窗户开闭状态,气象参数及室外 $PM_{2.5}$ 浓度的时序数列。按照监测的时间间隔,每一个实验住宅每 5 min 可获得一个数组,该数组包括实验住宅的窗户开闭状态、室外温度、室外相对湿度、室外风速和室外 $PM_{2.5}$ 浓度。将各实验住宅在各季节获得的数组集合起来,即可获得北京市和南京市实验住宅的开关窗行为模式和影响因素数据集。在本节中,实验住宅中有住户时对应的窗户开闭状态及相应影响因素被用作研究开关窗行为模式随机模型的数据基础。住宅中人的活动行为模式分为工作日和休息日两种,通过访谈获得,见表 4.11。

线性逻辑回归模型常被用来研究解释变量 $(x_1, x_2, \cdots, x_n)$ 与二元变量"成功概率" (p) 间的关系[142]。二元变量"成功概率" (p) 和单个解释变量间的关系可以用单变量线性逻辑回归模型来进行描述,如下式所示:

$$\text{logit } p = \lg\left(\frac{p}{1-p}\right) = ax + b \tag{4-39}$$

其中,a 是解释变量 x 的系数,b 是常数。二元变量"成功概率" (p) 和多个解释变量间的关系可以用多变量线性逻辑回归模型来进行描述,如下式所示:

$$\text{logit } p = \lg\left(\frac{p}{1-p}\right) = a_1 x_1 + a_2 x_2 + \cdots + a_n x_n + b \tag{4-40}$$

其中,$a_1, a_2, \cdots, a_n$ 为解释变量 $x_1, x_2, \cdots, x_n$ 的系数。

在本书的研究中,窗户的开闭状态为所研究的二元响应变量,开窗概率 (Prob_o) 为该二元变量的成功概率。气象参数,包括室外温度 $(t_o$,单位为 ℃)、室外相对湿度 $(\text{RH}$,单位为 %)、室外风速 $(v_s$,单位为 m/s)和室外 $PM_{2.5}$ 浓度 $(C_{p,o,2.5}$,单位为 $\mu g/m^3)$,为所研究的解释变量。所有解释变量均为连续变量。

首先,利用单变量线性逻辑回归模型对开窗概率和单个解释变量间的关系进行分析,然后利用基于赤池信息量准则(Akaike information criterion,AIC)的反向选择过程(backward selection)对所研究的 4 个解释变量进行模型选择,以获得最优的开窗概率多变量线性逻辑回归模型。在此过程中,AIC 值的大小是进行最优模型选择的参考标准,AIC 值最小,模型最优。在反向选择过程中,第一步,将所研究的 4 个解释变量放入多变量线性逻辑回归模型——完整模型中(full model),并计算该模型对应的 AIC 值。第二步,依次将 4 个解释变量从多变量线性逻辑回归模型中除去,即可获得 4 个有 3 个解释变量的多变量线性逻辑回归模型,即简化模型(reduced model),依次计算这 4 个简化模型的 AIC 值,并将其与前述完整模型的 AIC 值进行比较。如果完整模型的 AIC 值最小,则反向选择过程结束,完整模型为最终最优模型。如果某简化模型的 AIC 值最小,则该简化模型为该步对应的最优模型,反向选择过程继续。第三步,依次去除第二步最优模型中的 3 个解释变量,计算新的简化模型对应的 AIC 值,并将其与第二步最优模型的 AIC 值进行比较。若第二步最优模型的 AIC 值最小,则反向选择过程结束,该模型为最终最优模型。若第三步中的新简化模型的 AIC 值最小,则反向选择过程继续,以此类推。模型回归中,利用似然比检验(likelihood ratio test,LRT)对模型整体进行评估,利用 Z 统计量对单个解释变量的显著性进行评估。利用 Nagelkerke's R^2 和接受者操作特性曲线(receiver operating characteristic curve,ROC)下面积(AUC)来评估模型的拟合优度。更大的 Nagelkerke's R^2 和 AUC 值代表模型有更好的预测能力。统计学分析利用统计学软件 R(R Development Core Team 2007)完成。解释变量间的相关性可能会导致得到的线性逻辑回归模型中系数变化范围的膨胀。为了探究此研究中解释变量间相关性对得到的多变量线性逻辑回归模型的影响,本节还对解释变量的广义方差膨胀因子(generalized variance inflation factor,GVIF)进行了分析。

4.4.3　质量保证和质量控制

为了保证实验质量,本节制定了相应的质量保证和质量控制方案。首先,利用实验所用的磁感应装置对一办公室外门的开闭状态进行了为期 3 个月的监测,以检测实验装置的稳定性。其次,在实验前进行的访谈中,对实验住宅中的住户就实验装置的原理进行讲解。最后,要求实验住宅中的住户每周检查一次磁感应装置来保证其正常运行。具体而言,住户被要求检查磁感应装置和配套的磁铁是否被粘在窗户和窗框的相应位置。如果发现磁感应装置或者配套的磁铁脱落,要求住户记录下发现脱落的时间并重新粘贴。此外,本节使用的磁感应装置上装配了一个信号灯。当磁感应装置的输出信号为"1"时,该信号灯会持续闪烁。因此,住户在检查磁感应装置时也要观察当窗户状态对应的磁感应装置信号为"1"时,信号灯是否持续闪烁。如果磁感应装置的信号灯停止工作,研究人员将替换此磁感应装置。

关于气象数据和室外 PM$_{2.5}$ 浓度数据的收集,同样制定了质量保证和质量控制方案。对 v_s 而言,从气象站获得的室外逐时风速缺失一部分数据。如果缺失数据的时长小于或等于 2 h,则缺失时间段的 v_s 被设置为和缺失前 1 小时内的风速相等;如果缺失数据的时长大于 2 h,则这一时间段的数据不代入进行模型回归。$C_{p,o,2.5}$ 同样由于实验仪器的故障存在数据缺失的问题。对 $C_{p,o,2.5}$ 数据缺失时间段的处理方法和对 v_s 的处理方法一致。经过以上质量控制过程,北京市的实验住宅总共获得 142 088 行数组,南京市的实验住宅总共获得 126 076 行数组,这些数据被代入进行模型回归分析。

4.4.4 结果与讨论

图 4.15 给出了北京市及南京市实验住宅各季节的日均开窗时间。日均开窗时间的统计是基于全实验周期进行的,与实验住宅中是否有住户存在无关。

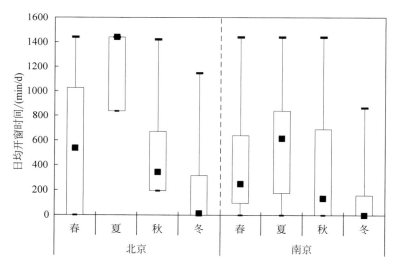

图 4.15 实验住宅季节平均日均开窗时间

由图 4.15 可以看出,对两地的实验住宅而言,夏季的日均开窗时间最长,冬季的日均开窗时间最短。而对比两地的实验住宅可以发现,北京市实验住宅的日均开窗时间(年均值为 635 min/d)要长于南京市实验住宅(年均值为 387 min/d)。以下原因可能部分解释这一地区间的差异。南京的夏季炎热潮湿,当 t_o 和 RH 较高时,居民更愿意关闭外窗、开启空调来营造一个干燥凉爽的室内环境。而北京的夏季与南京的夏季相比更为干燥,室外 t_o 和 RH 适宜的时间段比南京要长,在此情况下,居民倾向于开窗进行自然通风。除了上述可能的原因以外,实验住宅中住户的个性化特点也会导致不同的开关窗行为。

　　Offermann 等人[143] 曾对美国加利福尼亚州的新建住宅的开窗行为模式进行调研。根据他们的实验结果,一部分住户(5.8% 的春季住户,29% 的冬季住户)从不使用外窗。根据本节的实验结果,虽然不同实验住户在不同日期的开关窗模式差异巨大,然而没有实验住宅呈现出在某一季节完全不开启外窗的状态,这一区别暗示了我国居民与加利福尼亚州住户相比更倾向于开启外窗来调节室内环境,也说明了两国的居民有着不同的开关窗行为模式。

　　为了理解每一个解释变量对开窗概率的影响,本节对北京和南京实验住宅的开窗概率随各影响因素的变化趋势进行了分析,如图 4.16 和图 4.17 中的散点所示。

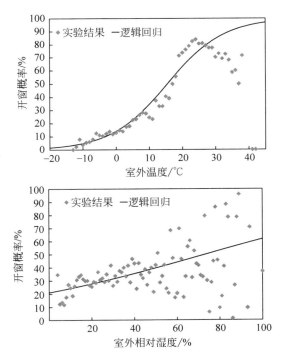

图 4.16　北京实验住宅开窗概率随解释变量的变化

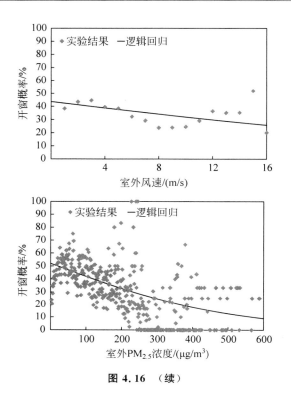

图 4.16 （续）

如图 4.16 中散点所示，对北京的实验住宅而言，当室外温度小于等于 24℃时，开窗概率随着 t_o 的增大而增大；当 t_o 大于 24℃时，开窗概率随着 t_o 的增大而减小，这一变化可能是由于当 t_o 过高时，居民倾向于关闭外窗、开启空调。对 RH 而言，开窗概率随着 RH 的增大而增大。对于 v_s，开窗概率随其的变化趋势并不明显。总的而言，当 v_s 小于 8 m/s 时，开窗概率随着 v_s 的增大而减小，而当 v_s 进一步增大时，开窗概率随着 v_s 的增大而增大。对 $C_{p,o,2.5}$ 而言，开窗概率随其的增大而减小。从开窗概率随 $C_{p,o,2.5}$ 的变化关系图中可以看出，存在一些"意料外"的 0 点和 100% 点。这主要是因为该点对应的 $C_{p,o,2.5}$ 取值出现的时长过短，在这个较短的时间内，开窗概率会出现随机性的过高或者过低的情况。例如，对北京的实验住宅而言，实验期间 $C_{p,o,2.5}$ 为 245 $\mu g/m^3$ 时对应的时间长度仅为 6 h，而这 6 h 内实验住宅的开窗概率恰好为 100%。这一情况同样适用于南京的实验住宅。

如图 4.17 中散点所示，对南京的实验住宅而言，开窗概率随着 t_o 的增大而增大。然而与北京的实验住宅不同，随着 t_o 的增大，并没有观察到由于空调的使用而产生的拐点,这可能是由其他解释变量的综合作用导致的。对于 RH,开窗概率随着其的增大而减小。对于 v_s,当 v_s 小于 4 m/s 时,开窗概率随着其的增大而增大,当 v_s 进一步增大时,开窗概率随着其的增大而减小。对于 $C_{\mathrm{p,o,2.5}}$,与北京的实验住宅类似,开窗概率随着其的增大而减小。

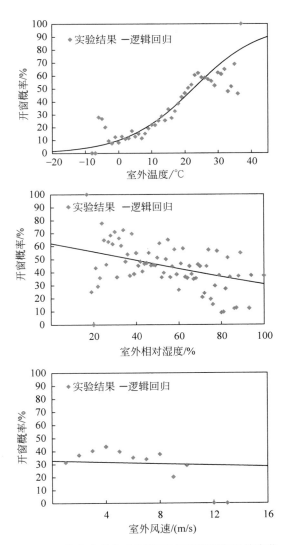

图 4.17　北京实验住宅开窗概率随解释变量的变化

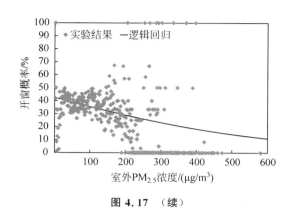

图 4.17　（续）

单变量线性逻辑回归模型被用来进一步分析南京和北京的实验住宅开窗概率与各解释变量间的关系。利用单变量线性逻辑回归模型拟合的开窗概率随解释变量的变化曲线如图 4.16 和图 4.17 所示，回归参数见表 4.12。

对每个城市的实验住宅而言，拟合得到的 4 个单变量线性逻辑回归模型的 LRT 的 p 值均小于 0.001。对各单变量回归模型中的解释变量，其 Z 统计量的 p 值也均小于 0.001。以上信息表明，实验住宅的开窗概率与所研究的解释变量均显著相关。对两地的实验住宅而言，开窗概率与 $C_{p,o,2.5}$ 呈显著负相关关系。这一现象说明，北京和南京的居民在室外 $PM_{2.5}$ 污染严重时会倾向于关闭外窗以保护室内环境不受室外污染的影响。

对北京的实验住宅而言，根据单变量线性逻辑回归结果中解释变量的系数，开窗概率与 t_o 和 RH 呈正相关关系，与 v_s 呈负相关关系。各单变量线性逻辑回归模型中，以 t_o 为解释变量的模型具有最高的 Nagelkerke's R^2 和 AUC 值，分别为 0.402 和 0.829。这说明了以 t_o 为解释变量的单变量线性逻辑回归模型的拟合优度最佳，有良好的预测能力。尽管开窗概率与 RH，v_s 和 $C_{p,o,2.5}$ 显著相关，但这 3 个解释变量的单变量线性逻辑回归模型中 Nagelkerke's R^2 和 AUC 值较低，说明了这几个模型对开窗概率的拟合优度和预测能力较差。

对南京的实验住宅而言，根据单变量线性逻辑回归结果，开窗概率与 t_o 呈正相关关系，与 RH 和 v_s 呈负相关关系。与北京的实验住宅类似，各单变量线性逻辑回归模型中，以 t_o 为解释变量的模型具有最高的 Nagelkerke's R^2 和 AUC 值，分别为 0.185 和 0.724。这同样说明，针对南京的实验住宅的开

表 4.12　开关窗行为模式线式线性逻辑回归模型回归参数

		回归系数	标准差	Z 统计量	p 值	拟合优度		模型评价		
						Nagelkerke's R^2	AUC	对数似然函数数	G 统计量	p 值
北京	常数	−1.82	1.10×10^{-2}	−165.8	<0.001	0.402	0.829	−71 403	50 464	<0.001
	温度	0.12	6.42×10^{-4}	187.1	<0.001					
	常数	−1.202	1.36×10^{-2}	−88.5	<0.001	0.050	0.613	−93 970	5329	<0.001
	相对湿度	0.017	2.31×10^{-4}	71.6	<0.001					
	常数	−0.195	8.93×10^{-3}	−21.9	<0.001	0.003	0.510	−96 468	333	<0.001
	风速	−0.046	2.55×10^{-3}	−18.1	<0.001					
	常数	0.079	8.29×10^{-3}	9.5	<0.001	0.040	0.574	−94 495	4280	<0.001
	PM$_{2.5}$ 浓度	−0.004	7.21×10^{-5}	−61.3	<0.001					
	常数	−2.022	2.58×10^{-2}	−78.4	<0.001	0.420	0.837	−70 074	53 122	<0.001
	温度	0.113	6.67×10^{-4}	168.9	<0.001					
	相对湿度	0.012	3.18×10^{-4}	37.2	<0.001					
	风速	−0.047	3.50×10^{-3}	−13.5	<0.001					
	PM$_{2.5}$ 浓度	−0.002	9.80×10^{-5}	−23.2	<0.001					
南京	常数	−2.289	1.65×10^{-2}	−138.7	<0.001	0.185	0.724	−73 838	18 325	<0.001
	温度	0.103	8.47×10^{-4}	121.7	<0.001					
	常数	0.515	2.79×10^{-2}	18.4	<0.001	0.016	0.545	−82 263	1475	<0.001
	相对湿度	−0.013	3.43×10^{-4}	−38.4	<0.001					
	常数	−0.69	1.11×10^{-2}	−62.1	<0.001	0.003	0.539	−82 869	263	<0.001
	风速	0.061	3.72×10^{-3}	16.3	<0.001					
	常数	−0.3	1.08×10^{-2}	−27.8	<0.001	0.008	0.523	−82 652	696	<0.001
	PM$_{2.5}$ 浓度	−0.003	1.11×10^{-4}	−25.7	<0.001					
	常数	−1.129	4.37×10^{-2}	−25.8	<0.001	0.193	0.728	−73 404	19193	<0.001
	温度	0.102	8.65×10^{-3}	118.1	<0.001					
	相对湿度	−0.012	3.97×10^{-4}	−29.1	<0.001					
	风速	−0.065	4.52×10^{-3}	−14.3	<0.001					
	PM$_{2.5}$ 浓度	-7×10^{-4}	1.25×10^{-4}	−5.6	<0.001					

窗概率,以 t_o 为解释变量的单变量线性逻辑回归模型的拟合优度最佳,有良好的预测能力。以 RH,v_s 和 $C_{p,o,2.5}$ 为解释变量的单变量线性逻辑回归模型对应较小的 Nagelkerke's R^2 和 AUC 值,说明这些模型具有较差的拟合优度和预测能力。

多变量线性逻辑回归基于解释变量间相互独立的假设进行,回归参数见表 4.12。对北京的实验住宅而言,通过反向选择过程确定的最优多变量线性逻辑回归模型以 t_o,RH,v_s 和 $C_{p,o,2.5}$ 为解释变量,如下式所示:

$$\text{logit Prob}_o = \lg\left(\frac{\text{Prob}_o}{1 - \text{Prob}_o}\right) = -2.022 + 0.113t_o +$$

$$0.012\text{RH} - 0.047v_s - 0.002C_{p,o,2.5} \tag{4-41}$$

对南京的实验住宅而言,通过反向选择过程确定的最优多变量线性逻辑回归模型的解释变量同样包括 t_o,RH,v_s 和 $C_{p,o,2.5}$,最优模型如下式所示:

$$\text{logit Prob}_o = \lg\left(\frac{\text{Prob}_o}{1 - \text{Prob}_o}\right) = -1.129 + 0.102t_o -$$

$$0.012\text{RH} - 0.065v_s - 0.0007C_{p,o,2.5} \tag{4-42}$$

从模型拟合优度的角度来看,多变量线性逻辑回归模型的拟合优度与以 t_o 为解释变量的单变量线性逻辑回归模型相比,均有所增加,然而增加幅度不大。两个多变量线性逻辑回归模型中各解释变量的 VIF 大小见表 4.13。可以看出,两个多变量模型中所有解释变量的 VIF 值都较小(小于 5),说明回归结果几乎不受解释变量间相关性关系的影响。

表 4.13　线性逻辑回归模型中各解释变量的方差膨胀因子(VIF)

解释变量	温度	相对湿度	风速	PM$_{2.5}$ 浓度
北京	1.09	1.39	1.34	1.17
南京	1.03	1.17	1.24	1.07

为了比较同一个多变量线性逻辑回归模型中不同解释变量对开窗概率影响的大小,对解释变量按如下表达式进行标准化处理:

$$x_{\text{nor}} = \frac{x - x_{\min}}{x_{\max} - x_{\min}} \tag{4-43}$$

其中,x_{nor} 为标准化后的解释变量,x 为转换前的解释变量,$x_{\max}$ 为实验期间解释变量的最大值,$x_{\min}$ 为实验期间解释变量的最小值。所有标准化后的解释变量在 0~1 之间变化,随后将标准化之后的解释变量分别针对两地的实验住宅通过反向选择过程进行多变量线性逻辑回归。对北京的实验住宅而言,基于标准化后的解释变量得到的多变量线性逻辑回归模型如下式所示:

$$\text{logit Prob}_\text{o} = \lg\left(\frac{\text{Prob}_\text{o}}{1 - \text{Prob}_\text{o}}\right) = -3.494 + 6.188 t_\text{o,nor} + 1.140 \text{RH}_\text{nor} -$$

$$0.701 v_\text{s,nor} - 1.328 C_\text{p,nor} \tag{4-44}$$

对南京的实验住宅而言,基于标准化后的解释变量得到的多变量线性逻辑回归模型如下式所示:

$$\text{logit Prob}_\text{o} = \lg\left(\frac{\text{Prob}_\text{o}}{1 - \text{Prob}_\text{o}}\right) = -2.209 + 4.597 t_\text{o,nor} - 0.953 \text{RH}_\text{nor} -$$

$$0.717 v_\text{s,nor} - 0.438 C_\text{p,nor} \tag{4-45}$$

如式(4-44)所示,北京的实验住宅中对开窗概率影响最大的因素为 t_o,其次为 $C_\text{p,o,2.5}$,RH 和 v_s。南京的实验住宅的情况却有所不同。根据式(4-45),对南京的实验住宅开窗概率影响最大的是 t_o,$C_\text{p,o,2.5}$ 对开窗概率的影响最小。根据基于标准化的解释变量的多变量线性逻辑回归结果,北京实验住宅中居民的开关窗行为模式受 $C_\text{p,o,2.5}$ 的影响比南京实验住宅中的居民更大。

4.5　SVOC 多相、多途径人群暴露分布模型案例应用

4.5.1　研究对象

　　本节以北京市城镇成年居民为研究对象,利用所建模型对 SVOC 多相、多途径的人群暴露分布情况进行案例分析。研究的人群为非吸烟人群,研究的目标 SVOC 与 3.4 节一致,包括同时有室内和室外来源的 PAHs(Phe,Pyr,BaP 和 BghiP)和主要来源于室内的 DEHP。目标暴露途径包括对气相、颗粒相 SVOC 的呼吸暴露,对气相、颗粒相 SVOC 的皮肤暴露及对降尘相 SVOC 的摄入暴露。

4.5.2　输入参数

　　本案例中,输入参数中的颗粒物相关参数、室外污染物浓度及 SVOC 相关参数为确定的输入参数,其确定方式与 3.4.2 节一致。而建筑相关参数、室内污染物散发源强度及人体暴露参数为人群分布参数,在应用时需要确定其对应的北京居民人群分布。段晓丽等主持的[128]全国居民暴露参数

问卷调查给出了北京市城镇成年居民的暴露参数人群分布情况,被直接应用于本案例。建筑相关参数和室内污染物散发源强度人群分布的确定方法将在下文进行详细描述。

4.5.2.1   建筑体积及家具承载率

本节以北京市城镇成年居民为研究对象,考虑到住宅是人主要的室内活动场所,人约有 60% 的时间在住宅室内度过,所以本案例中选择住宅为研究的主要室内暴露场所。为方便后续研究,将住宅的房间类型分为两类:客厅和卧室,因而住宅的总体积(V,单位为 m³)可用下式进行表达:

$$V = V_L + NB \cdot V_B \tag{4-46}$$

其中,V_L 是客厅体积,单位为 m³;V_B 是卧室体积,单位为 m³;NB 是单套住宅的卧室个数。本节通过网络调研加问卷调查的方法,统计了北京市 307 户住宅的 V_L 和 V_B 大小。通过对这一数据集概率密度分布的观察,可发现调研住宅 V_L 和 V_B 的分布与对数正态分布十分类似,如图 4.18所示。

对这一数据集利用 4.3.1 节介绍的方法进行对数正态分布拟合,可得到 V_L 和 V_B 对数正态分布的参数表达式,如下式所示:

$$\ln V_L \sim N(4.10, 0.52), \quad \ln V_B \sim N(3.79, 0.37) \tag{4-47}$$

在本节中,此分布用来代表北京市住宅 V_L 和 V_B 的人群分布。北京市统计年鉴给出了北京市单套住宅卧室个数 NB 的分布情况[58],结合以上信息即可获得北京市住宅 V 的分布情况。

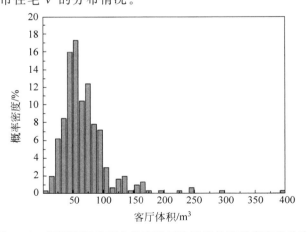

图 4.18   调研所得北京市住宅客厅和卧室体积概率密度分布

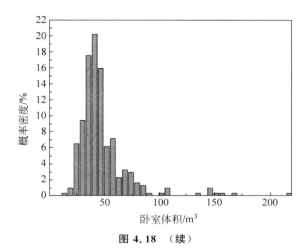

图 4.18　（续）

由于 SVOC 会吸附于包括墙壁、家具表面等的吸附表面，因此需要确定住宅中吸附面积的分布情况。定义住宅总比表面积 $AV_T(m^2/m^3)$，如下式所示：

$$AV_T = \frac{\sum A_w + \sum A_{fur}}{V}$$

$$= \frac{\left(V_L \cdot AV_L + \sum_{i=1}^{NB} V_{B,i} \cdot AV_B\right) + \left(V_L \cdot LF_L + \sum_{i=1}^{NB} V_{B,i} \cdot LF_B\right)}{V}$$

$$(4\text{-}48)$$

其中，A_w 为房屋内墙面积(m^2)，A_{fur} 为房间内家具表面积(m^2)，$AV_L(m^2/m^3)$ 和 $AV_B(m^2/m^3)$ 为客厅和卧室的比表面积，$LF_L(m^2/m^3)$ 和 $LF_B(m^2/m^3)$ 为客厅卧室的家具承载率，下标 i 表示第 i 个卧室。通过对北京市 307 户住宅的网络调研和问卷调查结果的分析统计，可以画出调研住宅的 AV_L 和 AV_B 分布情况，如图 4.19 所示。

可以看出，AV_L 和 AV_B 的分布与正态分布十分类似。对这一数据集利用 4.3.1 节介绍的方法进行对数正态分布拟合，可得到其正态分布的参数表达式，如下式所示：

$$(A_w/V)_L \sim N(1.63, 0.24), \quad (A_w/V)_B \sim N(1.75, 0.19) \quad (4\text{-}49)$$

在本节中此分布用来代表北京市住宅中 AV_L 和 AV_B 的分布。姚远等人通过调研的手段获得了北京市住宅中 LF_L 和 LF_B 的分布情况[60]，如下式所示：

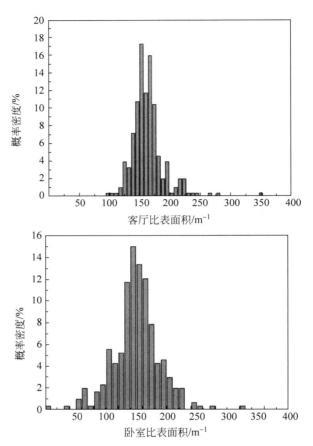

图 4.19   调研所得北京市住宅客厅和卧室体比表面积概率密度分布

$$\ln(LF_L) \sim N(-1.47, 0.76), \quad \ln(LF_B) \sim N(-0.87, 0.82) \quad (4\text{-}50)$$
结合以上信息及北京市住宅中 NB 的分布情况,根据式(4-48)即可获得北京市住宅中 AV_T 的分布情况。

4.5.2.2　通风相关参数

北京市住宅自然通风换气次数的分布采用 4.3 节的研究结果。住宅开窗概率预测公式采用 4.4 节中获得的北京市实验住宅的线性逻辑回归拟合公式。

4.5.2.3　清洁行为模式

关于清洁行为模式,本节通过网络问卷对北京市 208 位居民的住宅清洁周期(1/CF)进行了调研,调研所得的清洁周期概率密度分布如图 4.20 所示。

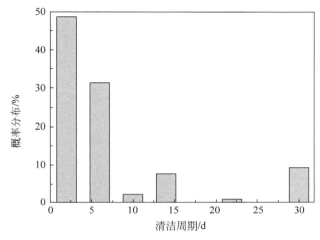

图 4.20　调研所得北京市居民住宅清洁周期概率密度分布

可以看出,清洁周期的分布较为接近对数正态分布,因此对其进行对数正态分布拟合,获得其参数分布表达式:

$$\ln\left(\frac{1}{CF}\right) \sim N(1.46, 1.05) \tag{4-51}$$

4.5.2.4　室内污染物散发源强度

由于目标人群为非吸烟人群,因此认为住宅环境中主要的颗粒物散发源为烹饪活动。将上文提到的 Buonanno 等人[109]通过实验确定的单位时间烹饪源颗粒物散发强度(S_p)结合日均住宅内烹饪时间(CD, min/d)即可确定目标住宅内烹饪源的日均散发颗粒物强度。本节通过网络问卷对北京市 208 位居民的 CD(以家庭为单位)进行了调研。调研所得 CD 的概率密度分布如图 4.21 所示。该分布接近对数正态分布,因此对其进行对数正态分布拟合,获得参数分布表达式:

$$\ln(CD) \sim N(3.67, 0.96) \tag{4-52}$$

此分布被应用在人群暴露分布的模拟中。

烹饪活动除了散发颗粒物以外,还会散发气相和颗粒相 PAHs。本节中颗粒相 PAHs 的烹饪源散发强度(S_{sp})和气相 PAHs 的散发强度(S_s)确定方法与 3.4.2 节基本相同。但为考虑不同住宅中烹饪方式的多样性,同样需要确定 S_{sp}/S_p 的分布情况。3.4.2 节中提到,Zhao 等人通过实验的方

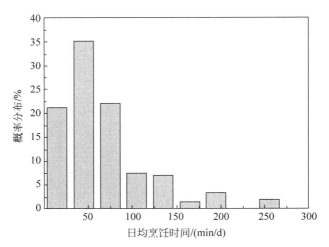

图 4.21   调研所得北京市居民住宅内日均烹饪时间概率密度分布

法确定了 4 种不同中式烹饪方式（东北菜、湖南菜、广东菜、四川菜）对应的 S_{sp}/S_p[126]，以这 4 种烹饪方式 S_{sp}/S_p 的平均值 μ 和标准差 σ 作为参数，假设目标住宅中的 S_{sp}/S_p 服从以此为参数确定的正态分布。

室内 DEHP 来源主要为含 DEHP 的材料散发。因此，要确定 DEHP 散发强度的人群分布，首先要确定室内含 DEHP 的材料用量的分布情况。DEHP 是邻苯二甲酸酯的一种，根据文献调研可知，1996—2015 年我国增塑剂年均消费量为 1562 千吨[144-145]，其中邻苯二甲酸酯类占增塑剂消费总量的 88% 左右[146]，而 DEHP 的消费量又约为邻苯二甲酸酯类消费量的 70%[147]，因此可以得出 DEHP 的年均消费量约为 962 千吨。按人口比例可得出北京市 DEHP 的年均消费量为 14.7 千吨。根据 DEHP 在室内外终端产品的消费量比例[148]，可以得到北京市 DEHP 的室内产品年均消费量为 11.4 千吨。根据 Lassen 提供的 DEHP 产业结构和产品信息[148]，可计算得出北京市室内环境中含 DEHP 的材料总面积为 133 450 000 m²。根据北京统计年鉴给出的北京市建筑保有面积，可以计算得出单位建筑面积对应的 DEHP 材料面积为 1.66 m²。对上节调研的 307 户住宅的总表面面积（$A_w + A_{fur}$）与住宅面积（A_f）的比值进行统计可以发现，其服从以下正态分布：

$$N(1.82, 0.16) \tag{4-53}$$

假设含 DEHP 的材料面积与室内环境的总表面面积成比例，则北京市住宅中含 DEHP 的材料面积与住宅面积的比例服从平均值为 1.66、标准差为 0.15 的正态分布。

4.5.3　结果与分析

4.5.3.1　浓度计算结果

蒙特卡罗计算过程在 Matlab R2010a 中进行。模拟得到的北京市住宅室内气载相、降尘相 SVOC 浓度($C_{airborne}$，X_{dust})的分布情况如图 4.22 所示。可以看出，Phe 和 Pyr 的室内 $C_{airborne}$ 分布视觉上呈左偏的正态分布，其室内 X_{dust} 的分布形式与 $C_{airborne}$ 相似。这是因为这两种 SVOC 在模拟环境中的 $K_{oa} < 10^8$，模型中使用线性瞬态平衡模型对其室内分相浓度进行模拟，因而 X_{dust} 与气相浓度(C_s)成正比关系。同时，这一类物质在室内主要以气相形式存在，故 Phe 和 Pyr 的室内 $C_{airborne}$ 分布与 X_{dust} 分布形式基本一致。随着

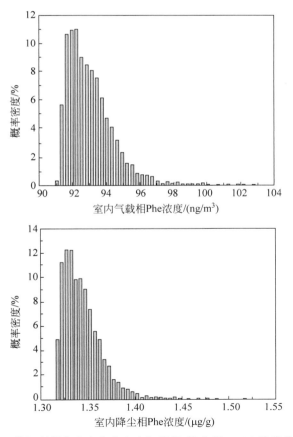

图 4.22　模拟所得北京市住宅室内气载相、降尘相 SVOC 浓度分布情况

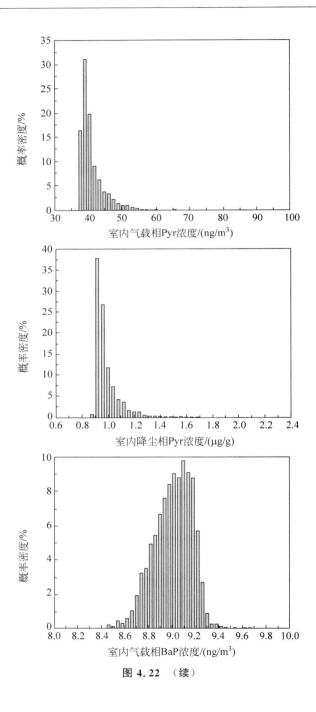

图 4.22 （续）

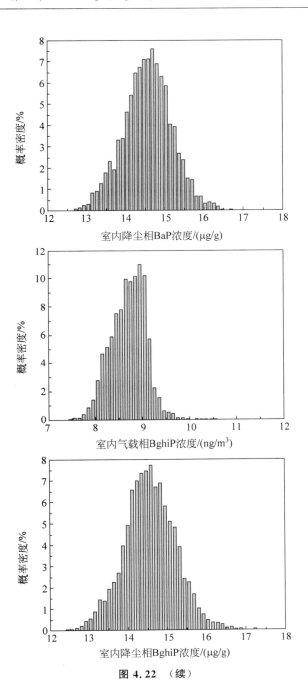

图 4.22　（续）

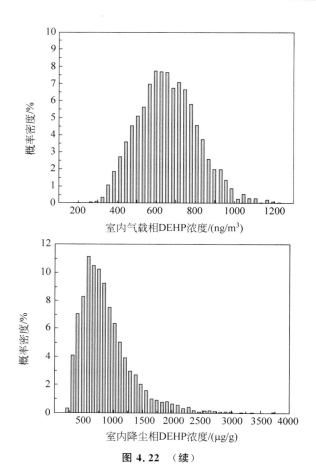

图 4.22 （续）

物质在模拟环境中 K_{oa} 的增大，BaP 和 BghiP 的室内 $C_{airborne}$ 分布视觉上呈右偏的正态分布。这一类物质不再满足线性瞬态平衡假设，模拟分相浓度时需要考虑相间动态分配过程，且颗粒相浓度水平 C_{sp} 与气相浓度水平 C_s 相当，故其室内 X_{dust} 分布形式与 C_s 不再相同。BaP 和 BghiP 的 X_{dust} 分布在视觉上呈对称的正态分布。对于主要来自于室内的 DEHP，其室内 $C_{airborne}$ 分布在视觉上呈对称的正态分布，X_{dust} 分布在视觉上呈左偏的正态分布。

本节将模拟得到的北京市住宅内目标 SVOC 的 $C_{airborne}$ 和 X_{dust} 的变化范围与文献中实测结果进行了对比，$C_{airborne}$ 对比结果见表 4.14，X_{dust} 对比结果见表 4.15。

表 4.14　模拟所得室内 SVOC 气载相浓度变化范围与文献结果对比

编号	实验地点	建筑类型	Phe/(ng/m³)		Pyr/(ng/m³)		BaP/(ng/m³)		BghiP/(ng/m³)		DEHP/(ng/m³)	
			最小值	最大值	最小值	最大值	最小值	最大值	最小值	最大值	最小值	最大值
本书	中国·北京[19]	住宅	91.1	105	31.47	91.7	8.45	9.91	7.49	11.61	258.4	1212.2
1	中国·杭州[18]	住宅	21.1	2108	2.7	127	0.11	13	0.15	10.9		
2	日本·静冈[16]	住宅·夏季					0.017	5	0.026	5.5		
		住宅·冬季					0.039	4.7	0.053	5.8		
3	美国·纽约[149]	住宅·采暖季	7.85	174	0.27	4.23	0.02	2.01	0.09	6.49		
		住宅·非采暖季	10.4	370	0.33	19	0.02	4.49	0.09	51.7		
4	美国·洛杉矶[13]	住宅	0.92	25	0.12	5.9	0.0008	1	0.0064	2.7		
	美国·休斯顿[13]	住宅	5.4	97	0.87	15	0.0021	0.22	0.0084	0.52		
	美国·伊丽莎白[13]	住宅	6.5	60	0.85	10	0.045	0.53	0.11	2.4		
5	美国·加利福尼亚州[150]	住宅	6.1	44	0.36	27						
6	意大利·罗马[151]	住宅	4.8	36	0.51	6.7	0.1	4.6	0.6	11		
7	瑞典·哈格福什[14]	住宅·燃木	5.5	15	0.57	1.8	0.09	2.2	0.06	1.9		
		住宅·非燃木					0.09	0.48	0	0.18		
8	中国·天津[9]	住宅									4	308
9	中国·西安[10]	住宅									67	3475
10	中国·南京[11]	住宅									0.3	9950
11	中国·重庆[12]	客厅									279	7424
		卧室									121.8	7958
12	瑞典·斯德哥尔摩[5]	住宅									92	530
13	德国·柏林[6]	住宅										615
14	日本·东京[7]	住宅									0	310
15	日本·札幌[8]	住宅									310	2400

表 4.15　模拟所得室内 SVOC 降尘相浓度变化范围与文献结果对比

编号	地点	建筑类型	Phe/(μg/g)		Pyr/(μg/g)		BaP/(μg/g)		BghiP/(μg/g)		DEHP/(μg/g)	
			最小值	最大值	最小值	最大值	最小值	最大值	最小值	最大值	最小值	最大值
本书	中国·北京[152]	住宅	1.31	1.51	0.89	2.17	12.52	17.07	22.85	32.52	199.5	3728.7
1	中国·南京[129]	住宅	0.3	102.6	0.1	37.7	0	4.5	0	3.6		
2	中国[130]	住宅	0.196	38.7	0.047	32.2	0.014	41.3	0.018	57.1		
3	中国·新乡[153]	住宅	0.13	5.55	0.129	1.153	0.018	3.387	0.146	2.242		
4	中国·贵州[154]	住宅	0.22	0.78	0.27	0.91	0.12	0.41				
5	美国·加利福尼亚州[155]	住宅	0	0.62	0.064	0.48	0	0.26				
6	加拿大·渥太华[156]	住宅	0.149	21	0.207	46	0.04	38.8	0.118	31.4		
7	法国[91]	住宅	<0.09	1.1	<0.16	1.1	<0.06	0.09				
8	丹麦[157]	住宅			0.01	3.06	0.0006	1.522				
9	中国·广州[130]	住宅									56.5	929
	中国·济南[130]	住宅									9.9	252
	中国·齐齐哈尔[130]	住宅									149	939
	中国·上海[130]	住宅									117	1380
	中国·乌鲁木齐[130]	住宅									204	8400
	中国·北京[130]	住宅									47.6	883
10	中国·天津[9]	住宅									707	33 352
11	中国·珠三角[158]	住宅									175	8680
12	中国·南京[159]	住宅									0.3	9950
13	瑞典·斯德哥尔摩[5]	住宅									130	3200
14	美国·奥尔巴尼[130]	住宅									37.2	9650
15	美国·加利福尼亚州[160]	住宅									104	1370

由表 4.15 可以看出,对 PAHs 而言,模拟得到的 C_{airborne} 的变化范围与国内住宅中的实测浓度量级基本一致。与国外住宅中的实测结果相比,模拟得到的 PAHs 室内 C_{airborne} 要明显偏高。但是,模拟所得 C_{airborne} 的变化范围与国内外的实测值相比要偏小,这主要是由以下几点原因造成的:①模拟未考虑城市内大气环境中 PAHs 浓度的空间分布。不同的绿地覆盖、交通强度、邻近排放源及建筑排布会导致不同的室外 PAHs 浓度。本节在模拟时对所有住宅输入了统一的室外 PAHs 浓度值,抹平了这一差异对结果的影响。②本案例中讨论的室内 PAHs 散发源仅含烹饪源一种,而实测住宅中可能会包含吸烟、燃煤、燃木等多种 PAHs 室内散发源,忽略这些室内散发源会低估室内 PAHs 浓度的变异性。对于 DEHP,模拟得到的 C_{airborne} 的变化范围与在国内住宅中的实测浓度量级也基本一致。与我国住宅中的实测结果变化范围相比,模拟得到的 C_{airborne} 最大值要偏低,这可能是由于本节未对一些其他的 DEHP 室内潜在散发源予以考虑。

从表 4.15 可以看出,与 C_{airborne} 类似,模拟得到的目标 SVOC 的 X_{dust} 变化范围均落在我国住宅中 X_{dust} 实测结果的变化范围之内。室内 PAHs 的 X_{dust} 模拟值和国内实测值均要高于国外住宅中的实测水平(加拿大渥太华住宅实验结果除外),而室内 DEHP 的 X_{dust} 模拟值和国内实测值与国外住宅中的 DEHP 的 X_{dust} 实测水平相当。与 C_{airborne} 相似,X_{dust} 模拟结果变化范围要小于实测结果,这同样也可能是由模型输入参数对室内源变异性考虑不足导致的。

以上对比结果说明模拟结果反映出了我国 SVOC 室内污染特点。随着对大气中 PAHs 浓度空间分布研究的深入及住宅内 SVOC 源强分布信息的完善,模型的模拟结果将更加贴近实际水平。

4.5.3.2　暴露计算结果

模拟所得北京居民 SVOC 分相、分途径人群暴露分布情况如图 4.23 所示。可以看出,由于所处环境中 SVOC 分相浓度的不同和个体间暴露参数的差异,不同个体会对同种 SVOC 产生不同的暴露水平。以 Phe,BaP 和 BghiP 为例,Phe 的成年居民环境暴露量最大值(138.0 ng/(kg·d))是最小值(32.9 ng/(kg·d))的 4.2 倍,BaP 的成年居民环境暴露量最大值(83.2 ng/(kg·d))是最小值(19.5 ng/(kg·d))的 4.3 倍,BghiP 的成年居民环境暴露量最大值(3700 ng/(kg·d))是最小值(286 ng/(kg·d))的 12.9 倍。但模拟所得的目标 SVOC 人群暴露分布中,25 百分位数和 75 百分位数较为接近,说明大部分人的暴露水平在一个相对集中的范围之内。针对不同目标 SVOC,不同暴露途径对环境暴露量的贡献与 3.4.3 节所得结果一致。按不同暴露微环境来区分,对 PAHs 而言,室内所造成的环境暴露量略高于室外环境暴露量;对 DEHP 而言,由于忽略了大气中的 DEHP 浓度,本案例中的暴露主要来源于室内环境。

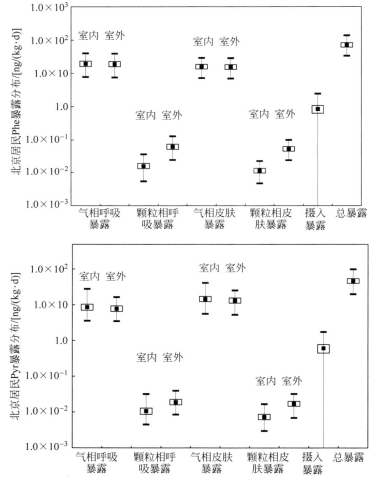

图 4.23   北京居民 SVOC 分相、分途径人群暴露分布情况

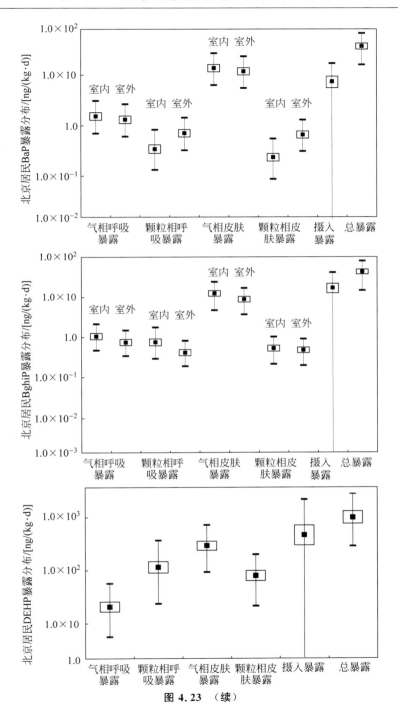

图 4. 23 （续）

4.5.3.3　健康效应评价

通过模拟获得 SVOC 人群暴露分布水平后，可进一步对 SVOC 环境暴露的人群健康效应进行评价。为了方便计算，利用 PAHs 等效毒性因子（toxicity equivalency factors，TEF）将本节模拟的 PAHs 的环境暴露量等效为相应的 BaP 暴露量并进行加和来估计 PAHs 人群暴露的健康效应，各物质的等效毒性因子见表 4.16[161]。

表 4.16　各 PAHs 等效毒性因子

物质	等效毒性因子 TEF	物质	等效毒性因子 TEF
Phe	0.001	BaP	1
Pyr	0.001	BghiP	0.01

本节采用的健康效应评价指标为癌症风险增量（incremental lifetime cancer risk，ILCR），ILCR 可利用下式进行计算[162]：

$$ILCR = \sum_i CSF_i \cdot LADD_i \qquad (4-54)$$

其中，CSF_i 为某一暴露途径的致癌斜率因子（caner slope factor，CSF，单位为 $[\mu g/(kg \cdot d)]^{-1}$），与物质及暴露途径相关，通常为致癌率增加比例的上 95% 置信界限；$LADD_i$ 为该暴露途径的终生平均每日暴露量（lifetime average daily dose，单位为 $\mu g/(kg \cdot d)$）。根据 USEPA 规定，当计算所得 ILCR 大于 $10^{-4} \sim 10^{-6}$ 时，该物质通过该途径对人体暴露可能导致的致癌风险需要被关注。LADD 和对应环境暴露量（$Exposure_i$）的关系如下式所示[162]：

$$LADD_i = \frac{Exposure_i \cdot Frequency_E \cdot Duration_E}{AT} \qquad (4-55)$$

其中，$Frequency_E$ 为暴露频率，此处设置为 365 d/a；$Duration_E$ 为暴露时长，此处设置为与年龄相当；AT 为致癌效应平均暴露时间，此处以 70 年为准，则 AT 为 $70 \times 365 = 25\,500$ 天。不同物质通过不同暴露途径的 CSF 见表 4.17。

表 4.17　不同物质通过不同暴露途径的致癌斜率因子

$[\mu g/(kg \cdot d)]^{-1}$

物质	呼吸暴露	皮肤暴露	摄入暴露
DEHP			1.4×10^{-5}
BaP	3.1×10^{-3}	2.5×10^{-2}	7.3×10^{-3}

　　表 4.17 中 BaP 的皮肤暴露致癌斜率因子采用了 Knafla 等人的研究结果[163]，其他致癌斜率因子通过美国环保局的综合风险信息系统（integrated risk information system）（http://www.epa.gov/iris）查询获得。目前没有研究证明 DEHP 呼吸暴露和皮肤暴露的致癌效应，故对 DEHP 的这两种暴露途径不予考虑。按式（4-54）计算得到的 DEHP 和等效 BaP 的 ILCR 人群分布如图 4.24 所示。可以看出，目标 PAHs 对应的等效 BaP 环境暴露

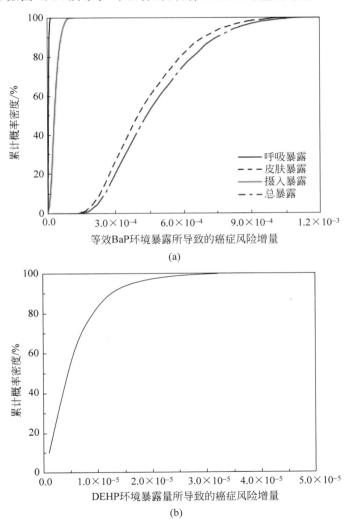

(a)

(b)

图 4.24　北京居民目标 SVOC 暴露对应癌症风险增量分布情况（见文前彩图）
(a) BaP；(b) DEHP

导致的 ILCR 远远大于 EPA 给出的 ILCR 限值的上限。PAHs 的 ILCR 主要由皮肤暴露引起。此外,降尘相 PAHs 的摄入暴露也引起部分人群的 ILCR 高于 EPA 限值的上限,需要引起重视。对 DEHP 而言,ILCR 完全由对降尘相 DEHP 的摄入暴露引起。模拟案例中,全部人口的 DEHP 环境暴露导致的 ILCR 低于 EPA 限值的上限,然而超过 20% 的人口的癌症风险增量超出了 10^{-5},因而需要考虑其对人体的可能的健康风险。需要注意的是,在模拟皮肤暴露的过程中,并没有考虑衣物的影响,此外 BaP 的皮肤暴露对应的 CSF 为基于动物实验的推断结果,这两种简化过程可能过高估计了 PAHs 环境暴露导致的 ILCR,这一误差随着后续毒理学研究及衣物效应研究的深入可在模型中予以修正。

4.6　小　　结

本章主要的研究成果如下:

(1) 基于蒙特卡罗方法建立了从浓度估算出发的 SVOC 多相、多途径人群暴露分布模型。模型以第 3 章建立的 SVOC 多相、多途径个体暴露模型为基础,考虑了建筑通风模式、建筑特性参数、室内源强度、个体暴露参数的变异性对室内 SVOC 分相浓度、SVOC 个体暴露的影响。该模型可用来研究目标人群对 SVOC 的多相、多途径暴露分布情况,为合理选择控制手段、制定相关政策提供更为全面的数据参考。对应工作已开发软件——室内 SVOC/颗粒物浓度和暴露模拟计算软件。

(2) 对模型的关键输入参数——自然通风换气次数在北京市住宅中的分布情况进行了研究。利用多区流体网络模拟软件(CONTAM)对北京市住宅典型户型在典型年气象参数下的季节及年平均渗风换气次数进行模拟,以获得北京市住宅的渗风换气次数分布情况。模拟分布与利用 CO_2 下降法测得的北京市 34 户住宅的渗风换气次数的分布吻合良好。年均渗风换气次数符合对数正态分布。利用 CO_2 下降法测得北京市 11 户住宅的开窗通风换气次数,并基于实验结果初步给定其参数分布。研究结果可作为 SVOC 多相、多途径人群暴露分布模拟的输入参数,对应工作发表于 *Building and Environment*(2015,92: 528-537)。

(3) 对模型的关键输入参数——典型地区住宅开关窗行为模式进行了研究。利用磁感应装置分别对北京市 5 户和南京市 3 户实验住宅的外窗开闭状态进行监测,并利用线性逻辑回归的方法分别研究了两个城市的实验住宅开窗概率和气象参数及大气 PM$_{2.5}$ 浓度间的关系,得到基于多变量线性逻辑回归模型的北京市和南京市实验住宅开窗概率的预测经验公式。该公式可在 SVOC 多相、多途径人群暴露分布模型中对住宅的开关窗状态进行判定。对应工作发表于 *Building Simulation*(2016,9(2):221-231)。

(4) 利用建立的 SVOC 多相、多途径人群暴露分布模型对北京市成年非吸烟居民对目标 SVOC 的人群暴露分布情况进行了案例分析。模拟得到的 SVOC 分相浓度范围与已有文献中的实验结果吻合良好。模拟得到的 SVOC 暴露人群分布反映了不同个体由于暴露环境和暴露参数差异引起的变异性。基于模拟结果的健康效应分析表明,人群对目标 PAHs 的总暴露导致的癌症风险增量大于 USEPA 给出的限值上限,需要予以关注。对应工作发表于 *The Lancet Planetary Health* (2018,2(12):e532-e539)。

第5章 结论与展望

5.1 结 论

SVOC广泛存在于室内和室外环境中,人体对SVOC的暴露可能导致不同程度的健康危害。由于SVOC的挥发性较弱,SVOC在室内环境中以多相形式存在,存在形式包括气相、颗粒相、表面相、降尘相。人体会通过不同暴露途径对不同存在形式的SVOC形成暴露,而各暴露途径的健康危害不尽相同,需要区别对待。目前尚无以SVOC为目标污染物的从浓度估算出发的人群暴露分布模型。已有模型中对实际暴露工况下SVOC分相浓度的影响因素考虑不足,暴露途径不完善,模型所需输入分布参数匮乏。针对以上问题,本书开展了SVOC多相、多途径人群暴露分布模型的研究,主要成果如下:

(1)建立了SVOC气相-颗粒相动态分配模型及SVOC气相-降尘相动态分配模型。与已有的SVOC室内浓度估算模型相比,模型加入了SVOC相间动态分配过程、颗粒物动力学特性(穿透、沉降、再悬浮)及通风的影响,可用于模拟一般室内环境中SVOC的分相逐时浓度。通过比较模型的模拟结果和已有文献中的实验结果可以发现,与已有的线性瞬态平衡模型相比,新建模型能够更加准确地模拟出室内SVOC分相浓度随时间的变化趋势,为后续SVOC暴露估算提供了更为合理的浓度数据基础。通过比较新建模型和线性瞬态平衡模型的模拟结果可以发现,对于暴露环境下$K_{oa}<10^8$的SVOC,其相间分配过程可以直接利用简单的线性瞬态平衡模型进行描述;而对于暴露环境下$K_{oa}>10^8$的SVOC,其相间分配不符合瞬态平衡的假设,需要用新建的SVOC相间动态分配模型予以描述。

(2)从浓度定量计算出发,建立了SVOC多相、多途径个体暴露模型。模型以室内SVOC动态分配模型为浓度计算基础,结合暴露计算模型,可用来对暴露环境中的SVOC分相浓度及个体的多相、多途径暴露量进行模拟。模型所涵盖的暴露途径有气相、颗粒相SVOC呼吸暴露,气相、颗粒相

SVOC 皮肤暴露及降尘相 SVOC 的摄入暴露。为完善由于颗粒相 SVOC 在人体表面直接沉降造成的皮肤暴露,建立了人体表面颗粒物沉降模型,对这一暴露途径中的关键参数——颗粒物在人体表面的沉降速度展开研究。模型的有效性和准确性通过基于假人模型的颗粒物人体表面沉降速度实验进行了证明。模型可用来估算不同暴露环境中人体表面颗粒物沉降速度,以评估颗粒相 SVOC 的皮肤暴露。作为初步应用,利用所建立的 SVOC 多相、多途径个体暴露模型对北京市几类典型居民对几种常见 SVOC(Phe, Pyr,BaP,BghiP 和 DEHP)的环境暴露进行了分析。结果表明,学龄前儿童 SVOC 环境暴露量可达成年人的两倍以上,成年女性 SVOC 环境暴露量略大于成年男性。成年人对 K_{oa} 较小的 SVOC 的环境暴露中,对气相 SVOC 的呼吸暴露和皮肤暴露是主要暴露途径,随着 K_{oa} 的增大,降尘相 SVOC 的摄入暴露和颗粒相 SVOC 的呼吸、皮肤暴露的重要性逐渐增加。对儿童而言,摄入降尘相 SVOC 是主要的暴露途径。

　　(3)基于 SVOC 多相、多途径个体暴露模型,采用蒙特卡罗方法建立了 SVOC 多相、多途径人群暴露分布模型。模型考虑了建筑通风模式、建筑特性参数及个体暴露参数间的差异带来的暴露变异性。在模型的输入分布参数中,自然通风换气次数和开关窗行为模式是影响室内 SVOC 浓度的关键参数,因而对这两个关键参数的分布情况展开了研究,从而为模型应用提供数据基础。利用多区流体网络模型(CONTAM)对北京市住宅典型户型的渗风换气量进行模拟以获得北京市住宅渗风换气次数的分布情况。同时利用 CO_2 下降法对 34 户北京市住宅的渗风换气次数进行了实测研究,实验所得分布和模拟所得分布吻合良好,北京市住宅年均渗风换气次数符合对数正态分布(对数分布平均值为 -1.79,对应换气次数几何平均值为 $0.21\ h^{-1}$,对数分布标准差为 0.62)。利用磁感应装置对北京市 5 户及南京市 3 户实验住宅的外窗开闭状态进行长期监测,并通过线性逻辑回归模型研究实验住宅开窗概率和室外温度、室外相对湿度、室外风速、室外 $PM_{2.5}$ 浓度间的关系。基于多变量线性逻辑回归模型得到的开窗概率经验公式可在 SVOC 多相、多途径人群暴露分布模型中用于判定住宅的窗户开闭状态。作为初步应用,利用 SVOC 多相、多途径人群暴露分布模型对北京市成年居民几种常见 SVOC(Phe,Pyr,BaP,BghiP 和 DEHP)的多相、多途径暴露水平分布进行了案例分析,并根据模拟结果进行了初步健康效应评价。分析表明,人群对目标 PAHs 的总暴露导致的癌症风险增量需要予以关注。

　　本书的主要创新点在于:

（1）建立了 SVOC 气相-颗粒相动态分配模型及 SVOC 气相-降尘相动态分配模型，将其用于模拟室内气相、颗粒相、降尘相 SVOC 浓度。模型综合考虑了 SVOC 相间动态分配过程、颗粒物动力学特性及建筑通风对室内 SVOC 分相浓度的影响，与其他模型相比物理意义更加明确，模拟结果与实验结果吻合更好。

（2）建立了从浓度定量计算出发的 SVOC 多相、多途径个体暴露模型。对颗粒物在人体表面的沉降速度进行研究，建立了颗粒物在人体表面的沉降模型，以此完善由于颗粒在人体表面沉降而造成的皮肤暴露这一暴露途径。

（3）建立了从浓度定量计算出发的 SVOC 多相、多途径人群暴露分布模型，并对该模型进行了初步应用。模型考虑了建筑通风模式、建筑特性参数及个体暴露参数间的差异导致的暴露变异性。此外，还对模型的重要输入参数——自然通风换气次数和开关窗行为模式的分布情况进行了基础研究，为模型应用提供了数据基础。

5.2 展　　望

本书研究方向有以下内容值得进一步深入研究：

（1）降尘与接触表面的传质过程对 SVOC 降尘相及表面相浓度的影响需要进一步研究。

（2）颗粒相 SVOC 穿透皮肤进入血液的传质过程有待进一步完善，衣服在人体对 SVOC 的皮肤暴露中起到的阻隔和加剧作用需要进一步系统、完善的研究。

（3）室内 SVOC 来源分布情况需要进一步调研、整理和归类。

参 考 文 献

[1] WESCHLER C J,NAZAROFF W W. Semivolatile organic compounds in indoor environments[J]. Atmospheric Environment,2008,42(40)：9018-9040.

[2] 王立鑫,赵彬,刘聪,等.中国室内 SVOC 污染问题评述[J].科学通报,2010,(11)：967-977.

[3] ZHANG Y,TAO S. Global atmospheric emission inventory of polycyclic aromatic hydrocarbons（PAHs）for 2004[J]. Atmospheric Environment,2009,43（4）：812-819.

[4] 魏志华.全球法规背景与我国增塑剂行业[J].精细与专用化学品,2012,20(5)：9-12.

[5] BERGH C,TORGRIP R,EMENIUS G,et al. Organophosphate and phthalate esters in air and settled dust - a multi-location indoor study[J]. Indoor Air,2011,21(1)：67-76.

[6] FROMME H,LAHRZ T,PILOTY M,et al. Occurrence of phthalates and musk fragrances in indoor air and dust from apartments and kindergartens in Berlin (Germany)[J]. Indoor Air,2004,14(3)：188-195.

[7] OTAKE T,YOSHINAGA J,YANAGISAWA Y. Exposure to phthalate esters from indoor environment[J]. Journal of Exposure Analysis and Environmental Epidemiology,2004,14(7)：524-528.

[8] TAKEUCHI S,KOJIMA H,SAITO I,et al. Detection of 34 plasticizers and 25 flame retardants in indoor air from houses in Sapporo,Japan[J]. Science of the Total Environment,2014,491-492：28-33.

[9] JI Y,WANG F,ZHANG L,et al. A comprehensive assessment of human exposure to phthalates from environmental media and food in Tianjin,China[J]. Journal of Hazardous Materials,2014,279：133-140.

[10] WANG X,TAO W,XU Y,et al. Indoor phthalate concentration and exposure in residential and office buildings in Xi'an,China[J]. Atmospheric Environment,2014,87：146-152.

[11] BU Z,ZHANG Y,MMEREKI D,et al. Indoor phthalate concentration in residential apartments in Chongqing,China：Implications for preschool children's exposure and risk assessment[J]. Atmospheric Environment,2016,127：34-45.

[12] NAUMOVA Y Y,EISENREICH S J,TURPIN B J,et al. Polycyclic aromatic

hydrocarbons in the indoor and outdoor air of three cities in the U. S. [J].
Environmental Science & Technology,2002,36(12): 2552-2559.

[13] SANDERSON E G, FARANT J-P. Indoor and outdoor polycyclic aromatic
hydrocarbons in residences surrounding a Söderberg aluminum smelter in Canada[J].
Environmental Science & Technology,2004,38(20): 5350-5356.

[14] GUSTAFSON P, ÖSTMAN C, SÄLLSTEN G. Indoor levels of polycyclic
aromatic hydrocarbons in homes with or without wood burning for heating[J].
Environmental Science & Technology,2008,42(14): 5074-5080.

[15] CASTRO D,SLEZAKOVA K,DELERUE-MATOS C,et al. Polycyclic aromatic
hydrocarbons in gas and particulate phases of indoor environments influenced by
tobacco smoke: Levels, phase distributions, and health risks[J]. Atmospheric
Environment,2011,45(10): 1799-1808.

[16] LU H,AMAGAI T,OHURA T. Comparison of polycyclic aromatic hydrocarbon
pollution in Chinese and Japanese residential air[J]. Journal of Environmental
Sciences,2011,23(9): 1512-1517.

[17] LI C-S,RO Y-S. Indoor characteristics of polycyclic aromatic hydrocarbons in the
urban atmosphere of Taipei [J]. Atmospheric Environment, 2000, 34 (4):
611-620.

[18] ZHU L,LU H,CHEN S,et al. Pollution level,phase distribution and source analysis
of polycyclic aromatic hydrocarbons in residential air in Hangzhou,China[J].Journal of
Hazardous Materials,2009,162(2): 1165-1170.

[19] International Agency for Research on Cancer. IARC monographs on the
evaluation of carcinogenic risks to humans[M]. IARC,1991.

[20] LATINI G. Monitoring phthalate exposure in humans[J]. Clinica Chimica Acta,
2005,361(1): 20-29.

[21] OIE L,HERSOUG L-G,MADSEN J O. Residential exposure to plasticizers and
its possible role in the pathogenesis of asthma [J]. Environmental Health
Perspectives,1997,105(9): 972-978.

[22] TICKNER J A,SCHETTLER T,GUIDOTTI T,et al. Health risks posed by use of
Di-2-ethylhexyl phthalate (DEHP) in PVC medical devices: A critical review[J].
American Journal of Industrial Medicine,2001,39(1): 100-111.

[23] BOFFETTA P, JOURENKOVA N, GUSTAVSSON P. Cancer risk from
occupational and environmental exposure to polycyclic aromatic hydrocarbons[J].
Cancer Causes & Control,1997,8(3): 444-472.

[24] MUMFORD J,HE X,CHAPMAN R,et al. Lung cancer and indoor air pollution
in Xuan Wei,China[J]. Science,1987,235(4785): 217-220.

[25] LIU C,ZHAO B, ZHANG Y. The influence of aerosol dynamics on indoor
exposure to airborne DEHP [J]. Atmospheric Environment, 2010, 44 (16):

1952-1959.

[26] XU Y, LITTLE J C. Predicting emissions of SVOC from polymeric materials and their interaction with airborne particles [J]. Environmental Science & Technology, 2006, 40(2): 456-461.

[27] ZHANG X, DIAMOND M L, IBARRA C, et al. Multimedia modeling of polybrominated diphenyl ether emissions and fate indoors [J]. Environmental Science & Technology, 2009, 43(8): 2845-2850.

[28] LITTLE J C, WESCHLER C J, NAZAROFF W W, et al. Rapid methods to estimate potential exposure to semivolatile organic compounds in the indoor environment [J]. Environmental Science & Technology, 2012, 46 (20): 11171-11178.

[29] XU Y, COHEN HUBAL E A, CLAUSEN P A, et al. Predicting residential exposure to phthalate plasticizer emitted from vinyl flooring: a mechanistic analysis[J]. Environmental Science & Technology, 2009, 43(7): 2374-2380.

[30] GUO Z. A framework for modelling non-steady-state concentrations of semivolatile organic compounds indoors-II. Interactions with particulate matter[J]. Indoor and Built Environment, 2013, 23(1): 26-43.

[31] BEKÖ G, WESCHLER C J, LANGER S, et al. Children's phthalate intakes and resultant cumulative exposures estimated from urine compared with estimates from dust ingestion, inhalation and dermal absorption in their homes and daycare centers[J]. PloS One, 2013, 8(4): e62442.

[32] DELGADO-SABORIT J M, AQUILINA N J, MEDDINGS C, et al. Measurement of personal exposure to volatile organic compounds and particle associated PAH in three UK regions[J]. Environmental Science & Technology, 2009, 43(12): 4582-4588.

[33] WILSON N K, CHUANG J C, MORGAN M K, et al. An observational study of the potential exposures of preschool children to pentachlorophenol, bisphenol-A, and nonylphenol at home and daycare[J]. Environmental Research, 2007, 103(1): 9-20.

[34] LAI A C, NAZAROFF W W. Modeling indoor particle deposition from turbulent flow onto smooth surfaces[J]. Journal of Aerosol Science, 2000, 31(4): 463-476.

[35] ZHAO B, WU J. Modeling particle deposition from fully developed turbulent flow in ventilation duct[J]. Atmospheric Environment, 2006, 40(3): 457-466.

[36] ZHAO B, WU J. Modeling particle deposition onto rough walls in ventilation duct[J]. Atmospheric Environment, 2006, 40(36): 6918-6927.

[37] YOU R, ZHAO B. A simplified method for assessing particle deposition rate in aircraft cabins[J]. Atmospheric Environment, 2013, 67: 80-84.

[38] GE Q, LI X, INTHAVONG K, et al. Numerical study of the effects of human

body heat on particle transport and inhalation in indoor environment[J]. Building and Environment,2013,59: 1-9.

[39] SALMANZADEH M,ZAHEDI G,AHMADI G,et al. Computational modeling of effects of thermal plume adjacent to the body on the indoor airflow and particle transport[J]. Journal of Aerosol Science,2012,53: 29-39.

[40] SCHNEIDER T,BOHGARD M,GUDMUNDSSON A. A semiempirical model for particle deposition onto facial skin and eyes-Role of air currents and electric fields[J]. Journal of Aerosol Science,1994,25(3): 583-593.

[41] ANDERSSON K G,ROED J,BYRNE M,et al. Deposition of contaminant aerosol on human skin [J]. Journal of Environmental Radioactivity, 2006, 85 (2): 182-195.

[42] ZIDEK J V,MELOCHE J,SHADDICK G, et al. A computational model for estimating personal exposure to air pollutants with application to London's PM10 in 1997 [R]. Technical Report of the Statistical and Applied Mathematical Sciences Institute,2003.

[43] ZIDEK J V,SHADDICK G,WHITE R, et al. Using a probabilistic model (pCNEM) to estimate personal exposure to air pollution[J]. Environmetrics, 2005,16(5): 481-493.

[44] GEORGOPOULOS P,WANG S,YANG Y,et al. Assessing multimedia/ multipathway exposures to arsenic using a mechanistic source-to-dose modeling framework [R]. Case studies employing MENTOR/SHEDS-4M: Technical Report CERM,2005.

[45] CHEN C,ZHAO B,WESCHLER C J. Assessing the influence of indoor exposure to "outdoor ozone" on the relationship between ozone and short-term mortality in U. S. communities [J]. Environmental Health Perspectives,2011, 120 (2): 235-240.

[46] CHEN C,ZHAO B,WESCHLER C J. Indoor exposure to "outdoor PM10": assessing its influence on the relationship between PM10 and short-term mortality in US cities[J]. Epidemiology,2012,23(6): 870-878.

[47] WALLACE L A, EMMERICH S J, HOWARD-REED C. Continuous measurements of air change rates in an occupied house for 1 year: the effect of temperature, wind, fans, and windows[J]. Journal of Exposure Analysis and Environmental Epidemiology,2002,12(4): 296-306.

[48] PERSILY A,MUSSER A,EMMERICH S. Modeled infiltration rate distributions for US housing[J]. Indoor Air,2010,20(6): 473-485.

[49] 顾红跃,曹毅然,杨建荣. 夏热冬冷地区住宅室内换气次数探讨[J]. 住宅科技, 2012,32(10): 36-39.

[50] 洪燕峰,戴自祝,陈逊,等. 室内空气自然通风换气次数的估算[J]. 环境与健康杂

志,2005,22(1):47-49.

[51] HALDI F,ROBINSON D. Interactions with window openings by office occupants[J]. Building and Environment,2009,44(12):2378-2395.

[52] NICOL J F,HUMPHREYS M A. A stochastic approach to thermal comfort - Occupant behavior and energy use in buildings[J]. ASHRAE Transactions,2004, 110(2):554-568.

[53] 陈伟煌. 夏热冬冷地区夏季热舒适状况及居民开窗行为研究[D]. 长沙:湖南大学,2009.

[54] LIU C,SHI S,WESCHLER C,et al. Analysis of the dynamic interaction between SVOC and airborne particles[J]. Aerosol Science and Technology,2013,47(2): 125-136.

[55] KAMENS R,ODUM J,FAN Z-H. Some observations on times to equilibrium for semivolatile polycyclic aromatic hydrocarbons [J]. Environmental Science & Technology,1995,29(1):43-50.

[56] AXLEY J W. Adsorption modelling for building contaminant dispersal analysis[J]. Indoor Air,1991,1(2):147-171.

[57] NAUMOVA Y Y,OFFENBERG J H,EISENREICH S J,et al. Gas/particle distribution of polycyclic aromatic hydrocarbons in coupled outdoor/indoor atmospheres[J]. Atmospheric Environment,2003,37(5):703-719.

[58] 北京市统计局,国家统计局北京调查总队. 北京统计年鉴—2011[M]. 北京:中国统计出版社,2011.

[59] 中华人民共和国建设部. 民用建筑热工设计规范:GBT50176—1993[S]. 1993.

[60] YAO Y. Research on some key problems of furniture VOC emission labeling system[D]. 北京:北京大学,2011.

[61] CHEN C,ZHAO B,ZHOU W,et al. A methodology for predicting particle penetration factor through cracks of windows and doors for actual engineering application[J]. Building and Environment,2012,47:339-348.

[62] 许仲麟. 空气洁净技术原理[M]. 北京:科学出版社,1998.

[63] CHEN C,ZHAO B. Review of relationship between indoor and outdoor particles: I/O ratio,infiltration factor and penetration factor [J]. Atmospheric Environment,2011,45:275-288.

[64] WESCHLER C J,NAZAROFF W W. SVOC partitioning between the gas phase and settled dust indoors [J]. Atmospheric Environment,2010,44(30): 3609-3620.

[65] LI W,DAVIS E J. Aerosol evaporation in the transition regime [J]. Aerosol Science and Technology,1996,25(1):11-21.

[66] QIAN Y,POSCH T,SCHMIDT T C. Sorption of polycyclic aromatic hydrocarbons (PAHs) on glass surfaces[J]. Chemosphere,2011,82(6):859-865.

[67] ZHOU B，ZHAO B. Population inhalation exposure to polycyclic aromatic hydrocarbons and associated lung cancer risk in Beijing region：Contributions of indoor and outdoor sources and exposures[J]. Atmospheric Environment，2012，62：472-480.

[68] Zhang X，Xia J，Jiang Z，et al. DeST—An integrated building simulation toolkit，Part Ⅱ：Applications[J]. Building Simulation，2008，1(3)：193-209.

[69] ZHOU J，WANG T，HUANG Y，et al. Size distribution of polycyclic aromatic hydrocarbons in urban and suburban sites of Beijing，China[J]. Chemosphere，2005，61(6)：792-799.

[70] SHEN G，WANG W，YANG Y，et al. Emission factors and particulate matter size distribution of polycyclic aromatic hydrocarbons from residential coal combustions in rural Northern China[J]. Atmospheric Environment，2010，44(39)：5237-5243.

[71] International Agency for Research on Cancer World Health Organization. Polynuclear aromatic compounds，Part Ⅰ：chemical，environmental and experimental data[R]. International Agency for Research on Cancer，1983.

[72] XU Y，COHEN HUBAL E A，LITTLE J C. Predicting residential exposure to phthalate plasticizer emitted from vinyl flooring：sensitivity，uncertainty，and implications for biomonitoring[J]. Environmental Health Perspectives，2010，118(2)：253-258.

[73] MENZIE C A，POTOCKI B B，SANTODONATO J. Exposure to carcinogenic PAHs in the environment[J]. Environmental Science & Technology，1992，26(7)：1278-1284.

[74] WORMUTH M，SCHERINGER M，VOLLENWEIDER M，et al. What are the sources of exposure to eight frequently used phthalic acid esters in Europeans[J]. Risk Analysis，2006，26(3)：803-824.

[75] BRADMAN A. Pesticides and their metabolites in the homes and urine of farmworker children living in the Salinas Valley，CA[J]. Journal of Exposure Science and Environmental Epidemiology，2009，19(7)：694-695.

[76] BRADMAN A，WHITAKER D，QUIRÓS L，et al. Pesticides and their metabolites in the homes and urine of farmworker children living in the Salinas Valley，CA[J]. Journal of Exposure Science and Environmental Epidemiology，2007，17(4)：331-349.

[77] BATTERMAN S A，CHERNYAK S，JIA C，et al. Concentrations and emissions of polybrominated diphenyl ethers from US houses and garages[J]. Environmental Science & Technology，2009，43(8)：2693-2700.

[78] KANAZAWA A，SAITO I，ARAKI A，et al. Association between indoor exposure to semi-volatile organic compounds and building-related symptoms among the occupants of residential dwellings[J]. Indoor Air，2010，20(1)：72-84.

[79] MORGAN M, SHELDON L, CROGHAN C, et al. A pilot study of children's total exposure to persistent pesticides and other persistent organic pollutants (CTEPP), Volume 1: Final report and Volume 2: Appendices [R]. USEPA, 2004.

[80] FROMME H, LAHRZ T, HAINSCH A, et al. Elemental carbon and respirable particulate matter in the indoor air of apartments and nursery schools and ambient air in Berlin (Germany)[J]. Indoor Air, 2005, 15(5): 335-341.

[81] BENNETT D, MORAN R, WU X, et al. Polybrominated diphenyl ether (PBDE) concentrations and resulting exposure in homes in California: relationships among passive air, surface wipe and dust concentrations, and temporal variability[J]. Indoor Air, 2015, 25(2): 220-229.

[82] ABDALLAH M A-E, HARRAD S, COVACI A. Hexabromocyclododecanes and tetrabromobisphenol-A in indoor air and dust in Birmingham, UK: implications for human exposure[J]. Environmental Science & Technology, 2008, 42(18): 6855-6861.

[83] GEVAO B, AL-BAHLOUL M, ZAFAR J, et al. Polycyclic aromatic hydrocarbons in indoor air and dust in Kuwait: implications for sources and nondietary human exposure[J]. Archives of Environmental Contamination and Toxicology, 2007, 53(4): 503-512.

[84] HARRAD S, IBARRA C, ROBSON M, et al. Polychlorinated biphenyls in domestic dust from Canada, New Zealand, United Kingdom and United States: implications for human exposure[J]. Chemosphere, 2009, 76(2): 232-238.

[85] IMM P, KNOBELOCH L, BUELOW C, et al. Household exposures to polybrominated diphenyl ethers (PBDEs) in a Wisconsin Cohort [J]. Environmental Health Perspectives, 2009, 117(12): 1890-1895.

[86] SHOEIB M, HARNER T, WILFORD B H, et al. Perfluorinated sulfonamides in indoor and outdoor air and indoor dust: occurrence, partitioning, and human exposure[J]. Environmental Science & Technology, 2005, 39(17): 6599-6606.

[87] TOMS L-M L, HEARN L, KENNEDY K, et al. Concentrations of polybrominated diphenyl ethers (PBDEs) in matched samples of human milk, dust and indoor air[J]. Environment International, 2009, 35(6): 864-869.

[88] TUE N M, TAKAHASHI S, SUZUKI G, et al. Contamination of indoor dust and air by polychlorinated biphenyls and brominated flame retardants and relevance of non-dietary exposure in Vietnamese informal e-waste recycling sites [J]. Environment International, 2013, 51: 160-167.

[89] WILFORD B H, HARNER T, ZHU J, et al. Passive sampling survey of polybrominated diphenyl ether flame retardants in indoor and outdoor air in Ottawa, Canada: implications for sources and exposure[J]. Environmental Science

&. Technology,2004,38(20): 5312-5318.

[90] RUDEL R A,PEROVICH L J. Endocrine disrupting chemicals in indoor and outdoor air[J]. Atmospheric Environment,2009,43(1): 170-181.

[91] WILFORD B H,SHOEIB M,HARNER T,et al. Polybrominated diphenyl ethers in indoor dust in Ottawa,Canada: implications for sources and exposure[J]. Environmental Science &. Technology,2005,39(18): 7027-7035.

[92] BLANCHARD O, GLORENNEC P, MERCIER F, et al. Semivolatile organic compounds in indoor air and settled dust in 30 French dwellings [J]. Environmental Science &. Technology,2014,48(7): 3959-3969.

[93] LONG C M,SUH H H,CATALANO P J,et al. Using time-and size-resolved particulate data to quantify indoor penetration and deposition behavior [J]. Environmental Science &. Technology,2001,35(10): 2089-2099.

[94] THATCHER T L,LAI A C,MORENO-JACKSON R,et al. Effects of room furnishings and air speed on particle deposition rates indoors[J]. Atmospheric Environment,2002,36(11): 1811-1819.

[95] THATCHER T L,LAYTON D W. Deposition,resuspension,and penetration of particles within a residence [J]. Atmospheric Environment, 1995, 29 (13): 1487-1497.

[96] ZHAO B,WU J. Particle deposition in indoor environments: analysis of influencing factors[J]. Journal of Hazardous Materials,2007,147(1): 439-448.

[97] VAN DINGENEN R, RAES F, PUTAUD J-P, et al. A European aerosol phenomenology—1: physical characteristics of particulate matter at kerbside, urban,rural and background sites in Europe[J]. Atmospheric Environment,2004, 38(16): 2561-2577.

[98] PERSILY A, MUSSER A, EMMERICH S J. Modeled infiltration rate distributions for U. S. housing[J]. Indoor Air,2010,20(6): 473-85.

[99] USEPA U. Exposure factors handbook[R]. Washington: Office of Research and Development,1997.

[100] HOANG K. Dermal exposure assessment: principles and applications [R]. USEPA,1992.

[101] WESCHLER C J, NAZAROFF W. SVOC exposure indoors: fresh look at dermal pathways[J]. Indoor Air,2012,22(5): 356-377.

[102] TALBOT L,CHENG R,SCHEFER R,et al. Thermophoresis of particles in a heated boundary layer[J]. Journal of Fluid Mechanics,1980,101(4): 737-758.

[103] CAO J-J,SHEN Z-X,CHOW J C,et al. Winter and summer PM2. 5 chemical compositions in fourteen Chinese cities [J]. Journal of the Air &. Waste Management Association,2012,62(10): 1214-1226.

[104] GOLDSMITH P, MAY F G. Diffusiophoresis and thermophoresis in water

vapour systems[M]. London: Aerosol Science, Academic Press, 1966, 163-194.

[105] Hinze J O. Turbulence[M]. 2nd ed. New York: McGraw Hill, 1975.

[106] JOHANSEN S. The deposition of particles on vertical walls[J]. International Journal of Multiphase Flow, 1991, 17(3): 355-376.

[107] MCINTYRE D. Indoor climate[M]. Amsterdam: Elsevier, 1980.

[108] PARK K, DUTCHER D, EMERY M, et al. Tandem measurements of aerosol properties—a review of mobility techniques with extensions[J]. Aerosol Science and Technology, 2008, 42(10): 801-816.

[109] BUONANNO G, DELL'ISOLA M, STABILE L, et al. Uncertainty budget of the SMPS-APS system in the measurement of PM1, PM2.5, and PM10[J]. Aerosol Science and Technology, 2009, 43(11): 1130-1141.

[110] SEINFELD J H, PANDIS S N. Atmospheric chemistry and physics: from air pollution to climate change[M]. Hoboken: John Wiley & Sons, 2012.

[111] HINDS W C. Aerosol technology: properties, behavior, and measurement of airborne particles[M]. New York: Wiley-Interscience, 1982.

[112] KULKARNI P, BARON P A, WILLEKE K. Aerosol measurement: principles, techniques, and applications[M]. Hoboken: John Wiley & Sons, 2011.

[113] 曾玲玲. 基于体表温度的室内热环境响应实验研究[D]. 重庆: 重庆大学, 2008.

[114] 金招芬, 朱颖心. 建筑环境学[M]. 北京: 中国建筑工业出版社, 2001.

[115] BEJAN A. Convection heat transfer[M]. Hoboken: John Wiley & Sons, 2013.

[116] MANUSKIATTI W, SCHWINDT D, MAIBACH H. Influence of age, anatomic site and race on skin roughness and scaliness[J]. Dermatology, 1998, 196(4): 401-407.

[117] BORNEHAG C-G, LUNDGREN B, WESCHLER C J, et al. Phthalates in indoor dust and their association with building characteristics[J]. Environmental Health Perspectives, 2005, 113(10): 1399-1404.

[118] CHEN C, ZHAO B. Review of relationship between indoor and outdoor particles: I/O ratio, infiltration factor and penetration factor[J]. Atmospheric Environment, 2011, 45(2): 275-288.

[119] CHAO C. Penetration coefficient and deposition rate as a function of particle size in non-smoking naturally ventilated residences[J]. Atmospheric Environment, 2003, 37(30): 4233-4241.

[120] THATCHER T L, LUNDEN M M, REVZAN K L, et al. A concentration rebound method for measuring particle penetration and deposition in the indoor environment[J]. Aerosol Science & Technology, 2003, 37(11): 847-864.

[121] VETTE A F, REA A W, LAWLESS P A, et al. Characterization of indoor-outdoor aerosol concentration relationships during the Fresno PM exposure studies[J]. Aerosol Science & Technology, 2001, 34(1): 118-126.

[122] ZHU Y,HINDS W C,KRUDYSZ M,et al. Penetration of freeway ultrafine particles into indoor environments[J]. Journal of Aerosol Science,2005,36(3): 303-322.

[123] FOGH C L,BYRNE M A,ROED J,et al. Size specific indoor aerosol deposition measurements and derived I/O concentrations ratios [J]. Atmospheric Environment,1997,31(15): 2193-2203.

[124] SUN K,LIU X,GU J,et al. Chemical characterization of size-resolved aerosols in four seasons and hazy days in the megacity Beijing of China[J]. Journal of Environmental Sciences,2015,32: 155-167.

[125] BUONANNO G,MORAWSKA L,STABILE L. Particle emission factors during cooking activities[J]. Atmospheric Environment,2009,43(20): 3235-3242.

[126] ZHAO Y,HU M,SLANINA S,et al. Chemical compositions of fine particulate organic matter emitted from Chinese cooking[J]. Environmental Science & Technology,2007,41(1): 99-105.

[127] LI C-T,LIN Y-C,LEE W-J,et al. Emission of polycyclic aromatic hydrocarbons and their carcinogenic potencies from cooking sources to the urban atmosphere[J]. Environmental Health Perspectives,2002,111(4): 483-487.

[128] 段小丽. 暴露参数的研究方法及其在环境健康风险评价中的应用[M]. 北京:科学出版社,2012.

[129] LV J,XU R,WU G,et al. Indoor and outdoor air pollution of polycyclic aromatic hydrocarbons (PAHs) in Xuanwei and Fuyuan, China [J]. Journal of Environmental Monitoring,2009,11(7): 1368-1374.

[130] QI H,LI W-L,ZHU N-Z,et al. Concentrations and sources of polycyclic aromatic hydrocarbons in indoor dust in China [J]. Science of the Total Environment,2014,491: 100-107.

[131] GUO Y,KANNAN K. Comparative assessment of human exposure to phthalate esters from house dust in China and the United States[J]. Environmental Science & Technology,2011,45(8): 3788-3794.

[132] MORRISON G C,WESCHLER C J,BEKÖ G,et al. Role of clothing in both accelerating and impeding dermal absorption of airborne SVOC[J]. Journal of Exposure Science and Environmental Epidemiology,2016,26(1): 113-118.

[133] WALTON G N,DOLS W S. CONTAM user guide and program documentation[Z]. National Institute of Standards and Technology,2005.

[134] 中华人民共和国建设部. 民用建筑设计通则: GB 50352—2005[S],2005.

[135] 北京市统计局,国家统计局北京调查总队. 北京统计年鉴—2004[M]. 北京:中国统计出版社,2004.

[136] 北京市统计局,国家统计局北京调查总队. 北京统计年鉴—2001[M]. 北京:中国统计出版社,2001.

[137] CHAN W R,NAZAROFF W W,PRICE P N,et al. Analyzing a database of residential air leakage in the United States[J]. Atmospheric Environment,2005, 39(19): 3445-3455.

[138] SWAMI M V, CHANDRA S. Procedures for calculating natural ventilation airflow rates in buildings[R]. ASHRAE Research Project,1987.

[139] Šťávová P. Experimental evaluation of ventilation in dwellings by tracer gas CO_2[D]. Kongens Lyngby,Technical University of Denmark,2012.

[140] BEKÖ G,LUND T, NORS F,et al. Ventilation rates in the bedrooms of 500 Danish children[J]. Building and Environment,2010,45(10): 2289-2295.

[141] MURRAY D M, BURMASTER D E. Residential air exchange rates in the United States: empirical and estimated parametric distributions by season and climatic region[J]. Risk Analysis,1995,15(4): 459-465.

[142] JAMES G,WITTEN D,HASTIE T,et al. An introduction to statistical learning [M]. New York: Springer,2013.

[143] OFFERMAN F, ROBERTSON J, SPRINGER D, et al. Window usage, ventilation,and formaldehyde concentrations in new California homes: summer field sessions[C]. Healthy and Sustainable Buildings,ASHRAE,2007.

[144] 吕咏梅. 我国塑料助剂工业的现状与发展趋势[J]. 石油化工技术经济,2007, 23(2): 59-62.

[145] 陶刚,梁诚. 国内外增塑剂市场分析与发展趋势[J]. 塑料科技,2008,36(6): 78-81.

[146] 钱伯章,朱建芳. 增塑剂的国内外发展现状[J]. 橡塑资源利用,2011,(4): 18-22.

[147] 俞晓雪. 增塑剂市场分析[J]. 精细石油化工进展,2002,3(7): 24-27.

[148] LASSEN C,MAAG J,HUBSCHMANN J,et al. Data on manefacture,import, export,uses and releases of Bis (2-ethylhexyl) phthalate (DEHP) as well as information on potential alternatives to its use[R]. COWI,IOM & Entec report to ECHA,2009.

[149] JUNG K H,PATEL M M,MOORS K, et al. Effects of heating season on residential indoor and outdoor polycyclic aromatic hydrocarbons,black carbon, and particulate matter in an urban birth cohort[J]. Atmospheric Environment, 2010,44(36): 4545-4552.

[150] RUDEL R A,DODSON R E, PEROVICH L J, et al. Semivolatile endocrine-disrupting compounds in paired indoor and outdoor air in two northern California communities [J]. Environmental Science & Technology, 2010, 44 (17): 6583-6590.

[151] MENICHINI E, IACOVELLA N, MONFREDINI F, et al. Relationships between indoor and outdoor air pollution by carcinogenic PAHs and PCBs[J].

Atmospheric Environment,2007,41(40): 9518-9529.

[152] 王炳玲,逄淑涛,张绮,等. 城市室内降尘中常见半挥发性有机化合物水平[J]. 中国公共卫生,2014,30(7): 931-936.

[153] YANG Z-Z,LI Y-F,FAN J. Polycyclic aromatic hydrocarbons in deposited bedroom dust collected from Xinxiang,a fast developing city in North China[J]. Environmental Monitoring and Assessment,2015,187(1): 1-8.

[154] YANG Q,CHEN H,LI B. Polycyclic aromatic hydrocarbons (PAHs) in indoor dusts of Guizhou, southwest of China: status, sources and potential human health risk[J]. PLoS One,2015,10(2): e0118141.

[155] DODSON R E,CAMANN D E, MORELLO-FROSCH R, et al. Semivolatile organic compounds in homes: strategies for efficient and systematic exposure measurement based on empirical and theoretical factors [J]. Environmental Science & Technology,2015,49(1): 113-122.

[156] MAERTENS R M,YANG X,ZHU J,et al. Mutagenic and carcinogenic hazards of settled house dust I: Polycyclic aromatic hydrocarbon content and excess lifetime cancer risk from preschool exposure [J]. Environmental Science & Technology,2008,42(5): 1747-1753.

[157] LANGER S,WESCHLER C J, FISCHER A, et al. Phthalate and PAH concentrations in dust collected from Danish homes and daycare centers[J]. Atmospheric Environment,2010,44(19): 2294-2301.

[158] KANG Y,MAN Y B,CHEUNG K C,et al. Risk assessment of human exposure to bioaccessible phthalate esters via indoor dust around the Pearl River Delta[J]. Environmental Science & Technology,2012,46(15): 8422-8430.

[159] ZHANG Q,LO X M,ZHANG X L,et al. Levels of phthalate esters in settled house dust from urban dwellings with young children in Nanjing, China[J]. Atmospheric Environment,2013,69: 258-264.

[160] HWANG H M,PARK E K, YOUNG T M, et al. Occurrence of endocrine-disrupting chemicals in indoor dust[J]. Science of the Total Environment,2008, 404(1): 26-35.

[161] NISBET I C,LAGOY P K. Toxic equivalency factors (TEFs) for polycyclic aromatic hydrocarbons (PAHs)[J]. Regulatory Toxicology and Pharmacology, 1992,16(3): 290-300.

[162] EPA A. Risk assessment guidance for superfund. Volume I: Human health evaluation manual (Part A)[R]. USEPA,1989.

[163] KNAFLA A,PHILLIPPS K, BRECHER R, et al. Development of a dermal cancer slope factor for benzo [a] pyrene [J]. Regulatory Toxicology and Pharmacology,2006,45(2): 159-168.

在学期间发表的学术论文与研究成果

发表的学术论文

[1] **SHI Shanshan**, ZHAO Bin. Comparison of the predicted concentration of outdoor originated indoor polycyclic aromatic hydrocarbons between a kinetic partition model and a linear instantaneous model for gas-particle partition[J]. Atmospheric environment, 2012, 59: 93-101. (SCI 检索号: 010FW, 影响因子: 3.281, 对应本书第 2 章)

[2] **SHI Shanshan**, ZHAO Bin. Deposition of indoor airborne particles onto human body surfaces: a modeling analysis and manikin-based experimental study[J]. Aerosol Science and Technology, 2013, 47(12): 1363-1373. (SCI 检索号: AF8VM, 影响因子: 2.413, 对应本书第 3 章)

[3] **SHI Shanshan**, ZHAO Bin. Modeled exposure assessment via inhalation and dermal pathways to airborne semivolatile organic compounds (SVOC) in residences[J]. Environmental science & technology, 2014, 48(10): 5691-5699. (SCI 检索号: AH8VB, 影响因子: 5.330, 对应本书第 3 章)

[4] **SHI Shanshan**, LI Yin, ZHAO Bin. Deposition velocity of fine and ultrafine particles onto manikin surfaces in indoor environment of different facial air speeds[J]. Building and Environment, 2014, 81: 388-395. (SCI 检索号: AQ1HJ, 影响因子: 3.341, 对应本书第 3 章)

[5] **SHI Shanshan**, ZHAO Bin. Estimating indoor semi-volatile organic compounds (SVOC) associated with settled dust by an integrated kinetic model accounting for aerosol dynamics[J]. Atmospheric Environment, 2015, 107: 52-61. (SCI 检索号: CE6UY, 影响因子: 3.281, 对应本书第 2 章)

[6] **SHI Shanshan**, CHEN Chen, ZHAO Bin. Air infiltration rate distributions of residences in Beijing[J]. Building and Environment, 2015, 92: 528-537. (SCI 检索号: CN9YT, 影响因子: 3.341, 对应本书第 4 章)

[7] **SHI Shanshan**, ZHAO Bin. Occupants' interactions with windows in 8 residential apartments in Beijing and Nanjing, China[J]. Building Simulation, 2016, 9(2): 221-231. (SCI 检索号: DA3KK, 影响因子: 1.029, 对应本书第 4 章)

[8] **SHI Shanshan**, ZHU Shihao, LEE, E S, ZHAO Bin, ZHU Yifang. Performance of

wearable ionization air cleaners: Ozone emission and particle removal[J]. Aerosol Science and Technology,2016,50(3): 211-221.(SCI 检索号:DE9NF,影响因子: 2.413)

[9]   LIU Cong,**SHI Shanshan**,WESCHLER C,ZHAO Bin,ZHANG Yinping. Analysis of the dynamic interaction between SVOC and airborne particles[J]. Aerosol Science and Technology,2013,47(2): 125-136.(SCI 检索号:022MY,影响因子: 2.413)

[10]   NI Yang,WU Shaowei,JI Weijing,CHEN Yahong,ZHAO Bin. **SHI Shanshan**, TU Xingying,LI Hongyu,PAN Lu,DENG Furong. The exposure metric choices have significant impact on the association between short-term exposure to outdoor particulate matter and changes in lung function: Findings from a panel study in chronic obstructive pulmonary disease patients[J]. Science of the Total Environment,2016,542: 264-270.(SCI 检索号:CX3MC,影响因子:4.099)

[11]   WU Chao,XU Bin,**SHI Shanshan**,ZHAO Bin. Time-activity pattern observatory from mobile web logs[J]. International Journal of Embedded Systems,2015, 7(1):71.

[12]   **施珊珊**,纪文静,赵彬.不同通风形式下住宅内细颗粒物质量浓度及室内暴露量的模拟及比较[J].暖通空调,2013(12):34-38.

[13]   **SHI Shanshan**,ZHAO Bin. Assessment of exposure via inhalation and dermal pathways to airborne benzo[a]pyrene (BaP) of a typical residential condition in Beijing[C]//Proceedings of the Environment and Health Conference. Basel, Switzland,2013.

[14]   **SHI Shanshan**,ZHAO Bin. Experimental study about the infiltration rates distribution of residential houses in beijing,China[C]//Proceedings of the 13th Indoor Air Conference. HongKong,China,2014.

[15]   **SHI Shanshan**,ZHAO Bin. Different infiltration rates of residential apartment locating in high-rise building[C]//Proceedings of ISHAVE-COBEE Coference. Tianjin,China,2015.

[16]   LI,Yin,**SHI Shanshan**,ZHAO Bin. Deposition velocity of fine and ultrafine particles onto manikin surfaces in different air speed indoor environments[C]// Proceedings of the 13th Indoor Air Conference. HongKong,China,2014.

研 究 成 果

赵彬,**施珊珊**,纪文静.室内 $PM_{2.5}$ 浓度分析和控制策略设计软件著作权: 2015SR117785[P].

致　　谢

　　五年博士生涯倏忽已至尾声，犹记得刚入校园时我对博士生活充满憧憬，五年历练，现已是即将走入社会、承担社会责任与工作的青年。攻读博士学位期间，尤为感激的是导师赵彬教授。古人云：师者，传道授业解惑也。赵老师这五年来对我的指导和教诲诠释了这一句话的深刻含义。他扎实的学术功底、敏锐的学术眼光引领着我；脚踏实地的工作态度、勤奋刻苦的工作作风影响着我；刚正不阿、豁达开朗的人生理念感染着我。赵老师的言传身教我将铭记于心，这些也必将成为我未来工作、生活的重要指引。在此谨向赵老师致以衷心的感谢！

　　感谢杨旭东教授一直以来在学习、科研等方面对我的指导。感谢陈淳、梁卫辉、陈忱同学在科研上对我的帮助。感谢建筑技术科学系建筑环境与设备工程研究所全体老师和同学对我的关心和鼓励。

　　感谢我的父母，为我营造了良好的生活环境，是他们的负重前行换来了我在象牙塔中的诗和远方。

　　感谢挚友赵迪扬、刘贺语、郭泽邦、王风潇、徐豪熠，感谢他们在我任性时的包容，受挫时的鼓励，骄傲时的提醒，困惑时的提点。科学探索道阻且长，他们的温情陪伴是鼓励我前行的温暖力量。

　　本书的研究承蒙国家自然科学基金（资助号：51136002）、国家"十二五"科技支撑计划（资助号：2012BAJ02B03）、国家重点基础研究发展计划（973计划，资助号：2012CB720102）及上海同济高廷耀环保科技发展基金会资助，特此致谢。